工业和信息化
精品系列教材

C语言

程序设计
任务驱动式教程

第4版 微课版

宋铁桥 刘洁 赵叶◎主编　宋昱 赵雅聪 鲁娟◎副主编

刘少坤◎主审

人民邮电出版社
北京

图书在版编目（CIP）数据

C 语言程序设计任务驱动式教程 ：微课版 / 宋铁桥，刘洁，赵叶主编. -- 4 版. -- 北京 ：人民邮电出版社，2025. --（工业和信息化精品系列教材）. -- ISBN 978-7-115-65482-3

Ⅰ. TP312.8

中国国家版本馆 CIP 数据核字第 2024FT9370 号

内 容 提 要

本书以任务驱动的方式讲解 C 语言的基础知识和编程方法。全书共 10 个单元，包括认识 C 语言、C 语言程序设计基础、顺序结构程序设计、选择结构程序设计、循环结构程序设计、数组、函数、指针、结构体和文件、项目实训——ATM 系统功能实现。附录中介绍 C 语言中的关键字、常用字符与 ASCII 值对照表、运算符的优先级和结合方向以及常用的 C 语言标准库函数。

本书适合作为高职高专院校 C 语言相关课程的教材，也适合 C 语言初学者阅读参考。

◆ 主　　编　宋铁桥　刘　洁　赵　叶
　　副 主 编　宋　昱　赵雅聪　鲁　娟
　　责任编辑　刘　尉
　　责任印制　王　郁　焦志炜

◆ 人民邮电出版社出版发行　　北京市丰台区成寿寺路 11 号
　　邮编　100164　　电子邮件　315@ptpress.com.cn
　　网址　https://www.ptpress.com.cn
　　北京隆昌伟业印刷有限公司印刷

◆ 开本：787×1092　1/16
　　印张：15.75　　　　　　　　　　2025 年 4 月第 4 版
　　字数：401 千字　　　　　　　　2025 年 9 月北京第 2 次印刷

定价：59.80 元

读者服务热线：(010)81055256　印装质量热线：(010)81055316
反盗版热线：(010)81055315

前　言

随着信息时代的飞速发展，计算机科学已经深入人类社会生活的各个领域，成为推动社会进步的重要力量。而 C 语言作为计算机科学领域的基础语言之一，其重要性不言而喻。它不仅在操作系统、嵌入式系统、网络编程等领域有着广泛的应用，更是许多高级编程语言的基石。

在这样的背景下，我们贯彻落实党的二十大精神，秉承"教育优先发展、科技自立自强、人才引领驱动"的理念对本书第 3 版进行改版。本书第 1 版自出版以来，得到了广大读者的一致好评。我们在总结第 3 版使用情况的基础上，结合教学实践和工程实践，在课程内容优化等方面进行了深入的研究与实践，对全书重新进行了编写。

本书采用任务驱动方式，从日常工作中的典型案例入手，由浅入深，对 C 语言程序设计的内容进行详细的阐述。本书通过典型任务培养学生分析问题、解决问题的能力和团队合作精神，围绕任务将 C 语言中的语法和规则融入教学中，增强课程内容与职业岗位能力要求的关联。另外，本书重点突出、难度适中，用若干个典型任务贯穿全书，并配有微课，以增加教学的趣味性，激发学生的学习兴趣和学习积极性，使学生在解决问题的过程中获得更多的成就感，提升学习自信心。

本书的特点是通俗易懂、案例丰富、目标明确、针对性强，以任务驱动为主线，读者可以轻松愉快地学到相应的知识和技能。

读者扫描本书封底的二维码，或者直接登录人邮教育社区网站可下载配套的教学资源。

本书由河北工业职业技术大学的宋铁桥、刘洁、赵叶任主编，河北工业职业技术大学的宋昱、石家庄工商职业学院的赵雅聪和河北工业职业技术大学的鲁娟任副主编。全书由宋铁桥统稿，河北工业职业技术大学刘少坤主审。

由于编者水平有限，书中难免存在不足之处，敬请广大读者批评指正。

微课视频

C语言程序
设计课程信息

编者
2024 年 7 月

目　录

目 录

C语言程序设计任务驱动式教程（第4版）（微课版）

目 录

第1单元

认识C语言

问题引入

语言是人和人之间交流信息不可缺少的工具。在当今社会，计算机广泛应用于我们生活的方方面面，那么人用什么方式可以和计算机做最直接的交流呢？

人和人之间的交流使用汉语、英语等自然语言，人和计算机之间的交流则要使用计算机语言。其中，C 语言就是众多计算机语言的一种。C 语言作为计算机科学的基石，具有高级语言形式以及功能丰富、灵活方便、应用面广、可移植性强等诸多优点，因此被众多高职高专院校选作计算机教学的典型程序设计语言。它教会我们如何逻辑清晰地思考问题和解决问题。在学习过程中，我们不仅要掌握其语法知识，更要理解其背后的思维方式。

知识目标

1. 了解计算机语言的分类
2. 熟悉 C 语言的发展过程和特点

技能目标

1. 能够理解 C 语言的特点
2. 能够掌握 C 程序的基本结构
3. 能够理解 C 程序的处理流程
4. 熟悉 Visual C++ 6.0

任务 1　走进 C 语言世界——C 语言概述

● **工作任务**

通过查阅网络、书籍等资源，了解 C 语言的发展史、特点及学习方法。

● **思路指导**

① 在"国家精品课程资源网"等网站上查阅资料。

② 查阅相关书籍，对 C 语言有初步了解。

● **相关知识**

（一）计算机语言

在数字化时代，计算机已经广泛应用于我们生活的方方面面，无论是购物、社交还是工作学习，计算机都在其中扮演着重要角色。而要让计算机执行我们的指令、完成各种任务，就需要一种特殊的"语言"——计算机语言。计算机语言（computer language）是人与计算机之间通信的语言，主要由一些指令组成。这些指令包括数字、符号等内容。编程人员可以通过这些指令来"指挥"计算机完成各种工作。

计算机语言根据功能和实现方式的不同大致可分为三大类，即机器语言、汇编语言和高级语言。

1. 机器语言

计算机不需要翻译就能直接识别的语言被称为机器语言（又称为二进制代码语言），该语言表现为由二进制数 0 和 1 组成的一串指令，对编程人员来说，机器语言不便于记忆和识别。

2. 汇编语言

计算机可以识别由 0 和 1 组成指令的机器语言，但我们使用起来却不方便。为了解决这个问题，汇编语言诞生了。汇编语言用英文字母或符号串来替代机器语言，把不易理解和记忆的机器语言按照对应关系转换成汇编指令。汇编语言比机器语言更加便于阅读和理解。

3. 高级语言

汇编语言依赖于硬件，使得程序的可移植性极差，而且编程人员在使用装配不同 CPU 的计算机时还需学习新的汇编指令，大大增加了编程人员的工作量，因此人们开发出了高级语言。高级语言比汇编语言更贴近于人类使用的语言，易于理解、记忆和使用，且其与计算机的架构、指令集无关，具有良好的可移植性。

常见的高级语言包括 C、C++、Java、Visual Basic、C#、Python、Ruby 等。高级语言应用非常广泛，绝大多数编程人员使用高级语言进行程序开发，其中 C 语言就是目前最流行、应用最广泛的高级语言之一。

当然，学习计算机语言并不是一件轻松的事情，它需要我们付出时间和努力。但是，只要我们保持好奇心和求知欲，不断探索和实践，就一定能够掌握编程技能，并享受到编程带来的乐趣和成就感。

（二）C 语言的发展过程和特点

1. C 语言的发展过程

C 语言的发展历程是一段充满创新与突破的历程，它源于早期的计算机科学研究，经过不断的改进和完善，逐渐发展成为现代计算机科学领域的重要基石。里奇和汤普森在 1972 年完成了 C 语言的研发工作，它由早期的编程语言 BCPL（Basic Combined Programming Language）发展演变而来。

早期的 C 语言主要用于 UNIX 操作系统设计，其由于具有强大的功能和各方面的优点逐渐为人们所认识。到了 20 世纪 80 年代，C 语言开始用于其他操作系统设计，并很快在各类大、中、小和微型计算机上得到广泛应用，成为当代最优秀的程序设计语言之一。

未来，C 语言仍将继续发挥其在计算机科学领域的重要作用，推动计算机科学的不断发展。

2. C 语言的特点

C 语言具有以下 7 个特点。

① 语言简洁、紧凑，使用方便、灵活。

② 运算符丰富。

③ 数据结构丰富。

④ 结构化语言。

⑤ 允许直接访问物理地址，对硬件直接操作。

⑥ 生成目标代码质量高，程序执行效率高。

⑦ 可移植性好。

（三）为什么要学习 C 语言

C 语言应用极其广泛，在对操作系统和硬件进行操作的场合，C 语言优于其他高级语言。

C 语言语法简洁，表达能力强，有 32 个关键字，9 种控制语句，便于初学者学习和掌握。

C 语言久经考验，有现成的大量优秀代码和资料，便于参考和学习。

我国大力发展网络强国、数字中国，程序设计技能是人工智能、5G 时代的人才不可或缺的基本技能。因此，在绝大多数高职高专院校的软件及相关专业的课程链路图中，C 语言总是第一门程序设计课程。学生通过学习本课程，可以了解 C 语言的基本知识，锻炼逻辑思维能力，为后续程序设计课程打下基础。

（四）怎样学好 C 语言

① 反复阅读教材。初学者遇到的大部分问题，教材上都有解答。书读百遍，其义自见。

② 默写程序。读者看懂教材上的程序例题之后，可按照例题的思路默写程序；尝试过就会知道看懂和默写是两件程度完全不同的事情。在练习习题时，要独立思考，尽量先不要看答案或提示。熟能生巧，编程亦是如此。

③ 阅读他人编写的程序。作家多会大量阅读别人的作品，同样读者也可以从别人的程序中吸收营养。经典程序需要记诵。

④ 多与他人交流，开放式的交流才能更好地提升技术。

● **任务实施**

查阅书籍资料及网络资源，初步了解 C 语言。

● **特别提示**

① 当编程出现错误时怎么办？

首先应该查看编译器提供的信息，编译器本身就能输出大量的提示。如果还不能解决，可以查阅教材和文档，或上网查询。

② 能看懂别人的程序，但自己做就觉得无从下手，为什么？

这个问题每个刚开始学习编程的人都会遇到。初学编程就像解应用题一样，首先要建立一个抽象描述模型，然后建立数学表达式，给出求解的方法，也就是算法，最后把算法转化为程序。随着学习的深入，逻辑思维能力就会慢慢提高。

③ 英语水平不高怎么办？

C 语言的关键字一共 32 个，而其中有 6～7 个的使用率超过 78%；就编程本身而言，错误和警告提示也是有限的几句英语，只要勤于学习和总结，学好 C 语言是没有问题的。

任务 2　制作一张自己的小名片——C 程序框架结构

● **工作任务**

现代社会，名片在交际中扮演着非常重要的角色。一张精美的名片不仅能给人留下深刻印象，还能有效传递个人信息。那么，如果我们用编程的思维来制作一张名片，会是怎样的体验呢？在本任务中，我们将尝试使用 C 语言来制作简单的名片。

微课视频

程序架构及
开发环境

● **思路指导**

要用 C 语言编写程序，在屏幕上输出小名片，就要了解 C 语言的结构特点、编写规则，学会使用 C 语言的编译运行环境。

● **相关知识**

（一）C 程序的基本结构

为了说明 C 程序结构的特点，先看一下例 1-1 的程序，这个程序体现了 C 程序在组成结构上的特点。虽然有关内容还未介绍，但大家可从这个例子中了解到一个 C 程序的基本结构和书写格式。

例 1-1　用 C 语言编程，在屏幕上显示"奋斗的青春最美！"。

```
/*输出"奋斗的青春最美！"*/          //第1行
#include <stdio.h>                //第2行：编译预处理语句
```

```
void main()                         //第3行：主函数
{
    printf("奋斗的青春最美！\n");    //第5行：输出语句
}
```

运行程序，效果如图1-1所示。

图1-1　例1-1运行效果

这个程序只用几行代码，就实现了在屏幕上输出指定内容。我们通过分析上面的示例程序，可以掌握以下知识。

1. C程序的构成

（1）代码的注释

在示例程序中的第1、2、3、5行中都可以看到关于代码的文字描述。

```
/*输出"奋斗的青春最美！"*/          //第1行
#include <stdio.h>                  //第2行：编译预处理语句
void main()                         //第3行：主函数
printf("奋斗的青春最美！\n");       //第5行：输出语句
```

对于程序中需要解释和说明的部分，编程人员可以加以注释，以增加程序的可读性。编译系统会跳过注释，不对其进行编译。"/*……*/"表示多行注释，"//"表示单行注释。

（2）#include指令

示例程序中的第2行代码如下。

```
#include <stdio.h>
```

#include <stdio.h>是编译预处理语句。编译预处理语句的作用不是实现程序的功能，而是给编译系统提供信息，通知编译器对源程序进行编译之前应该做哪些预处理工作。编译预处理语句还有其他几种，这里的#include称为文件包含语句，其作用是把<>或""内指定的文件包含到程序中，成为程序的一部分。#include <stdio.h>也可写作#include"stdio.h"。被包含的文件通常是由系统提供的，其扩展名为.h，因此也称为头文件。C语言的头文件中包含各个标准库函数的函数原型。因此，程序若需要调用库函数，就必须包含该函数原型所在的头文件。

在源程序中，编译预处理语句通常放在最前面。

（3）main函数

示例程序中的第3行代码如下。

```
void main() // 第3行：主函数
```

main是主函数的函数名，表示这是一个主函数。每一个C程序都必须有且只能有一个主函数。C程序总是从主函数开始执行，并且回到主函数结束。

其前面的void代表函数没有返回值。主函数也可写为如下形式。

```
int main()
```

int 表示函数的返回值是整型，此时函数体内需要加语句 return 0。为保持一致，本书中的主函数都采用无返回值形式。

void main()这一部分在函数中称为函数头，main 函数下面用{}包含的部分是一个程序模块，称为函数体。函数头和函数体是密不可分的。

（4）函数体

示例程序中的第 4～6 行代码就是函数体。

```
{
    printf("奋斗的青春最美! \n");   //第5行:输出语句
}
```

函数体被包含在花括号中，表明函数要执行的动作。函数的有关内容将在第 7 单元详细介绍。

（5）执行语句

函数体中的代码如下。

```
printf(" 奋斗的青春最美! \n");        // 第 5 行 ：输出语句
```

printf 函数是格式化输出函数。函数体内调用 printf 函数可以把要输出的内容送到显示器输出。printf 函数是一个由系统定义的标准函数，可在程序中直接调用。

需要说明的是，C 语言规定 scanf（输入函数）和 printf 这两个函数可以省去其头文件包含语句。所以在本例中也可以删去第 1 行的编译预处理语句#include <stdio.h>。

"\n" 称为转义字符，在此可理解为换行符。转义字符的有关内容将在第 2 单元详细介绍。

另外还应注意，每一个语句都必须以分号结束，但编译预处理语句、函数头和花括号之后不加分号；标识符和关键字之间至少要加一个空格，标识符和关键字的有关内容将在第 2 单元详细介绍。

2．C 程序的书写规范

在编程的世界里，规范不仅仅是一种技术要求，更是一种严谨的态度和精益求精的精神。就像我们在生活中需要遵守社会规范一样，编程也有其特定的规范需要我们去遵循。编写 C 程序需注意以下规范。

① 在 C 程序中，虽然一行可以有多个语句，一个语句也可写多行，但建议一行只写一个语句。

② 一般采用缩进格式，以提高程序的可读性。

③ C 程序代码一般用小写字母书写，除非另有约定。

④ 程序代码应加上必要的注释。

（二）编译和运行 C 程序

1．C 程序的处理流程

编写好一个 C 程序后，如何上机运行呢？一个源程序一般要经过编辑、编译、连接、运行才能得到结果，如图 1-2 所示。

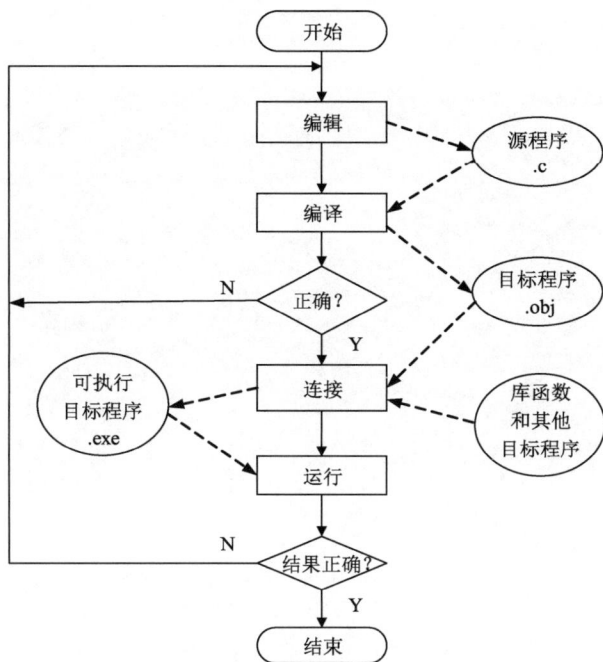

图1-2　C程序的处理流程

① 编辑：在文本编辑器中，用 C 语言编写源程序代码。源程序文件的扩展名为.c。

② 编译：通过编译器将源程序转换成机器代码，生成目标程序文件（*.obj），在源程序的编译过程中，可以检查出程序中的语法错误。

③ 连接：C 语言是模块化程序设计语言，一个 C 程序可能由多个程序设计者分工合作完成，需要将所用到的库函数以及其他目标程序连接为一个整体，生成可执行目标程序（*.exe）。

④ 运行：运行可执行目标程序后，可获得程序运行结果。

2．C 语言运行环境的应用

（1）C 语言的 IDE 介绍

程序设计语言一般都有其运行环境。运行环境一般包括代码编辑器、编译器、调试器和图形用户界面工具，集成了代码编写功能、分析功能、编译功能、调试功能。这种集成了编译、运行、调试等功能的软件套组称作集成开发环境（Integrated Development Environment，IDE）。C 语言的 IDE 很多，有的教程使用的是 Turbo C 运行环境。本书采用 Visual C++ 6.0（以下简称 VC++ 6.0）编译程序作为 C 语言的 IDE。VC++ 6.0 是 C++程序默认的编译器，因为 C++是在 C 语言基础上产生的，所以 C++程序也兼容 C 程序的编译和运行。VC++ 6.0 具有方便、直观、快捷的编辑器及丰富的库函数，程序编辑、编译、连接和运行等操作都可在该软件中进行，十分方便。

（2）VC++ 6.0 的使用

要使用 VC++ 6.0，必须先将 VC++ 6.0 安装到计算机中。以下就以 VC++ 6.0 为例，介绍 C 程序的编辑、编译、连接、运行过程。

① 启动 VC++ 6.0 编译程序，其主界面如图 1-3 所示。

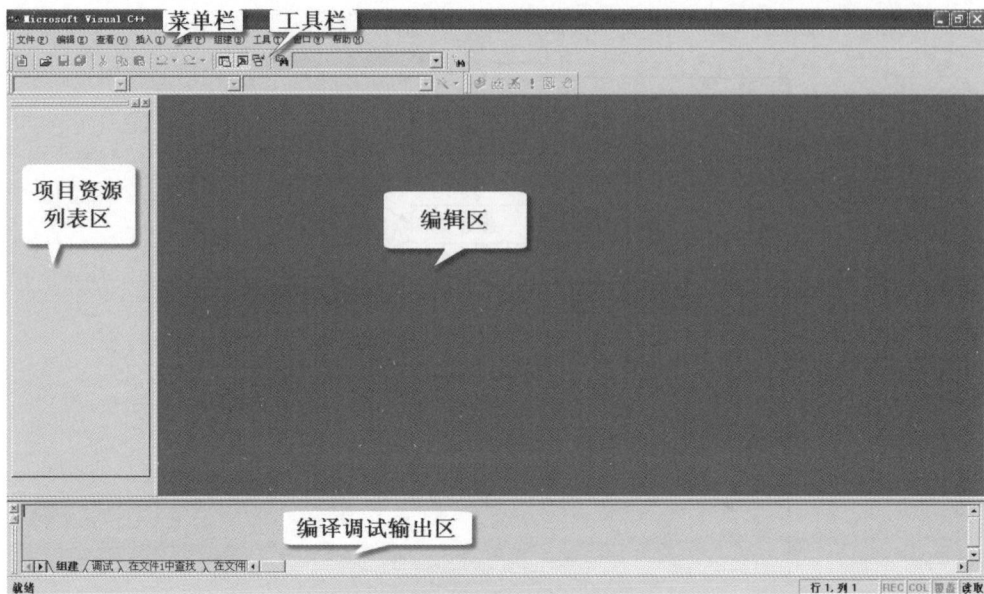

图1-3 VC++ 6.0主界面

从图 1-3 中可以看到，VC++ 6.0 主界面主要分为菜单栏、工具栏、项目资源列表区、编辑区和编译调试输出区等。

② 创建源文件。要编辑 C 程序，就需要创建 C 源文件。在菜单栏中选择"文件"→"新建"，弹出"新建"对话框，如图 1-4 所示。

在"新建"对话框中，选择"文件"标签，选择新建文件类型为"C++ Source File"，并在"文件名"下的文本框中输入 Hello.c（这里需要输入 C 源文件的扩展名.c，因为 VC++ 6.0 默认是 C++的编译程序，其扩展名为.cpp），选择存储文件的位置，单击"确定"按钮，系统进入编辑状态。

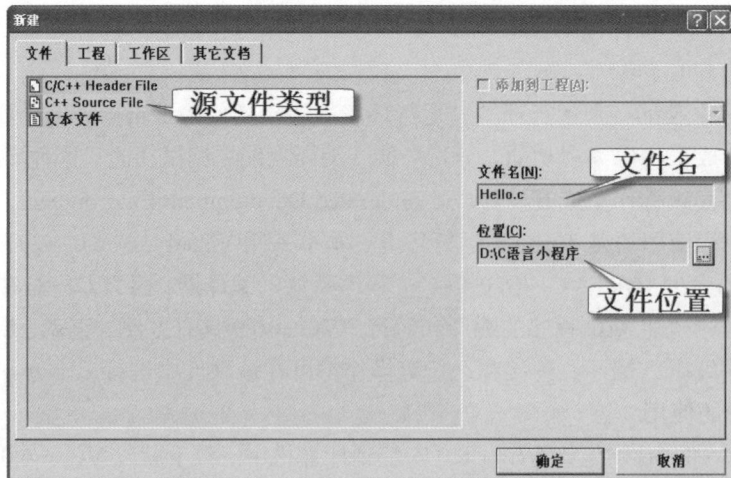

图1-4 "新建"对话框——创建C源文件

③ 编辑源文件。在编辑区中添加代码，如图 1-5 所示。

C语言程序设计任务驱动式教程（第4版）（微课版）

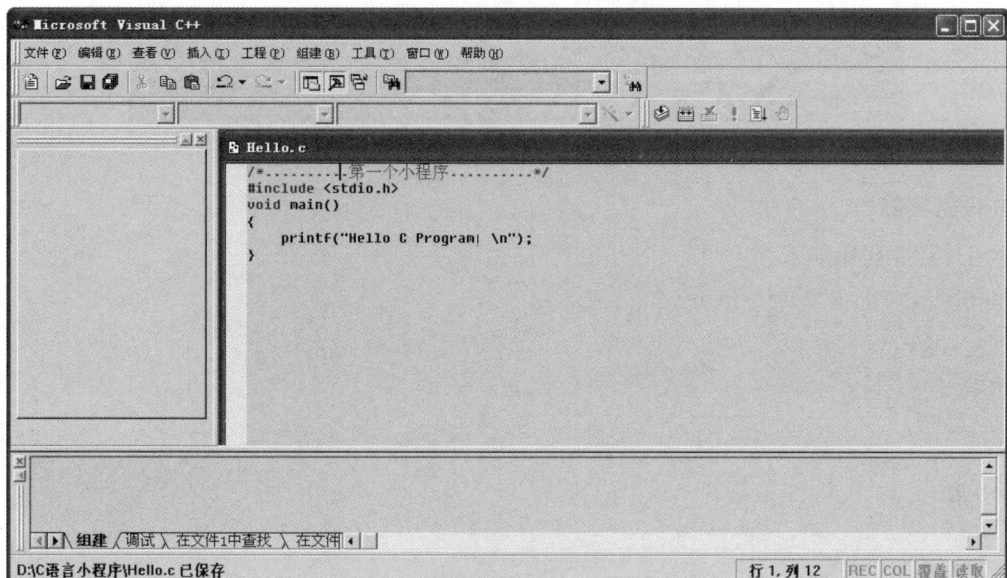

图1-5 编辑源文件

④ 编译、连接源程序。单击工具栏上的 按钮，或在菜单中选择"组建"→"编译"，系统就会对当前的源程序进行编译，生成一个目标程序文件，扩展名为.obj。单击工具栏上 按钮，或在菜单栏中选择"组建"→"组建"，系统会将目标程序文件和库文件连接，生成一个可执行目标程序文件，扩展名为.exe。

如果源程序有编译或连接上的错误，执行完相应命令后，系统将在屏幕下方的编译调试输出区显示错误信息，可以根据错误信息进行修改，然后再编译、连接。如此反复，直到没有错误为止，如图 1-6 所示。

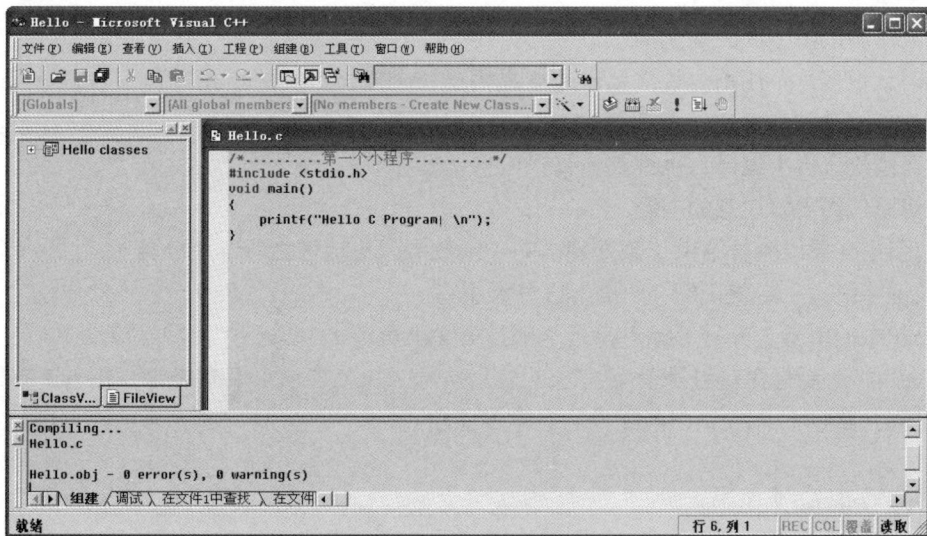

图1-6 编译、连接源程序

⑤ 运行程序。单击工具栏上的 按钮，或在菜单栏中选择"组建"→"执行"，系统会运行当前的可执行目标程序文件，并输出运行结果，如图 1-7 所示。

图1-7 程序运行结果

● **任务实施**

小名片程序代码如下。

```c
/*******我的小名片*******/
#include <stdio.h>
void main()
{
    printf("*****************************\n");
    printf("姓名：小强\t性别：男\n");
    printf("学校：河北工业职业技术大学\n");
    printf("系别：计算机系\n");
    printf("*****************************\n");
}
```

程序运行结果如图 1-8 所示。

图1-8 小名片程序运行结果

● **特别提示**

（1）编译调试输出区的错误信息很多怎么办？

错误信息很多，不用怕。许多错误往往是由第一个错误引发的。在屏幕下方编译调试输出区中，将滚动条滚动到最上方，找到第一个错误，双击第一个错误，就会定位错误所在行。根据错误提示进行修改，再次编译，也许其他错误信息就没有了。

（2）初写代码需要注意的问题

① 每条语句要以分号结束（预处理语句、函数头和花括号之后不加分号）。

② 关键字拼写一定要正确，C 语言区分大小写。

③ 语句中的引号、分号等标点符号全部是英文半角。

④ "\n" "\t" 要写在双引号里面，"\n" 表示换行，"\t" 表示水平制表符，相当于空格输出。

⑤ 在同一路径下，两个 C 源文件的名称不能相同。

拓展与提高

（1）编程实现在屏幕上显示如下 3 行文字。

```
Hello, World !
Welcome to the C language world!
Everyone has been waiting for.
```

示例程序 example.c 如下。

```
#include <stdio.h>
void main()
{
    printf("Hello,World!\n");
    printf("Welcome to the C language world!\n");
    printf("Everyone has been waiting for.\n");
}
```

（2）运行程序，显示运行结果。

```
#include <stdio.h>
void main()
{
    int a,b,sum;
    a=123;b=456;
    sum=a+b;
    printf("sum is %d\n",sum);
}
```

结果如下。

```
sum is 579
```

单元小结

本单元首先介绍了 C 语言的发展过程和特点以及学习方法，然后介绍了 C 程序的基本结构、处理流程及 VC++ 6.0。

读者可从程序入手，通过上机练习，熟悉 C 程序的开发环境。工欲善其事，必先利其器。要精通一门语言，就需要深入学习。

读者在编写程序时，应注意遵守编码规则和规范。就像我们应遵守法规，有良好的道德规范一样，编程也需要严谨的态度和规范意识。让我们从编程初始就注意养成良好的编码习惯。

思考与训练

1. 讨论题

（1）C 程序是由哪几个部分组成的？

（2）C 语言中注释有何作用？

（3）在编写 C 程序时，需要注意的编码规范有哪些？

2. 选择题

（1）C 语言属于下列哪类计算机语言？（   ）

　　A. 汇编语言　　　　B. 高级语言　　　　C. 机器语言　　　　D. 以上均不属于

（2）一个 C 程序由（   ）。

　　A. 一个主程序和若干子程序组成　　　　B. 一个或多个函数组成

C. 若干过程组成   D. 若干子程序组成

（3）一个 C 程序的执行从（   ）。

    A. main 函数开始，回到 main 函数结束

    B. 第一个函数开始，直到最后一个函数结束

    C. 第一个语句开始，直到最后一个语句结束

    D. main 函数开始，直到最后一个函数结束

（4）C 程序中语句的结束符是（   ）。

    A. 回车符   B. 分号   C. 句号   D. 逗号

（5）以下说法正确的是（   ）。

    A. C 程序的注释可以出现在程序的任何位置，它对程序的编译和运行不起任何作用

    B. C 程序的注释只能是一行

    C. C 程序的注释不能是中文文字信息

    D. C 程序的注释中存在的错误会被编译器检查出来

（6）以下说法正确的是（   ）。

    A. C 程序中的所有标识符都必须小写

    B. C 程序中关键字必须小写，其他标识符不区分大小写

    C. C 程序中所有标识符都不区分大小写

    D. C 程序中关键字必须小写，其他标识符区分大小写

3. 填空题

（1）C 语言源程序文件的扩展名是_____，编译后生成的目标程序文件的扩展名是_____，经过连接后生成的可执行目标程序文件的扩展名是_____。

（2）C 程序多行注释是由_____和_____所界定的文字信息组成的。

（3）C 语言源程序的执行要经过_____、_____、_____和_____ 4 个步骤。

4. 编程题

（1）编写一个 C 程序并上机调试，要求运行后能输出以下信息。

```
************************************
This is my first program.
************************************
```

（2）编写程序，用"*"输出字母 C 形状。

C 语言程序设计任务驱动式教程（第 4 版）（微课版）

第2单元

C语言程序设计基础

问题引入

在第 1 单元，我们制作了自己的名片，如何用 C 语言描述一个人的年龄、性别、身高、体重？在程序中，数据又是如何存储的？带着这些问题，我们继续学习 C 语言吧！本单元将通过几个小任务介绍 C 语言中的标识符、常量、变量、简单数据类型、基本运算符、表达式和数据类型转换等。它们不仅是编程的基础，也是培养规范意识的重要载体。

知识目标

1. 掌握标识符及其命名规则
2. 掌握基本数据类型及其表示形式
3. 理解运算符的运算规则及优先级关系
4. 掌握基本数据类型之间的转换规则

技能目标

1. 能够正确命名标识符
2. 能够表示常量和变量
3. 能够灵活运用运算符和表达式
4. 能够进行不同基本数据类型之间的转换

任务 1 计算圆的面积——整型与实型数据，常量与变量

微课视频

整型与实型数据、常量与变量

● **工作任务**

在 C 语言中，整型、实型数据如何描述？什么是常量，什么是变量？在解答这些问题之前，先看一道数学题。

已知圆的半径 r，求圆的面积 s。

● **思路指导**

已知：圆的半径 r，整型数据；计算中用到的圆周率 π 取 3.14，是实型数据，并且在运算中不可变。

输出：圆的面积 s，实型数据。

处理：利用圆面积公式求得圆面积。

● **相关知识**

（一）标识符

标识符，就是程序用到的元素的名字。在程序中使用的变量名、常量名、数组名、函数名、标号等统称为标识符（变量、常量、数组、函数等将在后续单元任务中介绍）。C 语言的标识符分为两大类，一类是系统标识符，另一类是用户标识符。

1. 系统标识符

系统标识符又称为关键字，是由 C 语言规定的具有特定意义的字符串，通常也称为保留字。C 语言中的关键字详见附录 1。用户自定义的标识符不应与关键字相同。C 语言的关键字分为以下几类。

① 类型说明符。用于定义和说明变量、函数或其他数据结构的类型，如第 1 单元中用到的 int。

② 语句定义符。用于表示一个语句的功能，如 if 就是条件语句的语句定义符。

③ 编译预处理命令。用于表示一个编译预处理语句，就是在编译前先进行处理，如前面各例中用到的#include。

2. 用户标识符

用户自定义的标识符称为用户标识符。C 语言规定，标识符只能是由字母（A~Z，a~z）、数字（0~9）、下画线组成的字符串，并且其第一个字符必须是字母或下画线。

例如，_fen、aaa、a2、book、BOOK、h2h 都是合法的用户标识符。

> **思考**
>
> 以下是合法的用户标识符吗？
> 3s, s*T, -3x, bowy-1。

C 语言程序设计任务驱动式教程（第二版）（微课版）

在使用用户标识符时还必须注意以下几点。

① 用户标识符是大小写敏感的，例如 BOOK 和 book 是两个不同的用户标识符。

② 用户标识符虽然可由程序员随意定义，但标识符是用于标识某个量的符号，因此命名应尽量有相应的意义，以便阅读和理解，做到"见名知意"。

③ 用户标识符不能和关键字相同。关键字是 C 语言预先定义的、有固定含义的标识符，不能重新定义，也不能另作他用。

（二）常量和变量

1. 常量

在程序的运行过程中，其值不能被改变的量就是常量。在 C 语言中，常量也有不同的表现形式。

① 直接常量。就是通常说的常数，从其形式即可判断它属于哪种数据类型。

例如，234 是整型、5.89 是实型、'7'是字符型等。

② 符号常量。它是用编译预处理命令#define 规定的一个标识符，代表一个常量。在程序之前定义符号常量，通常常量名用大写字母标识。符号常量的使用如例 2-1 所示。

符号常量声明格式一般如下。

```
#define   <常量名>   <常量值>
```

例如，求圆的面积，可以定义 PI 为符号常量，值为 3.14，声明方式如下。

```
#define  PI 3.14
```

例 2-1 符号常量的使用。

```
/**符号常量的使用**/
#include <stdio.h>
#define PRICE 10              //声明符号常量
void main()
{
    int total,num;           //声明变量
    num=5;
    total=num*PRICE;         //使用符号常量
    printf("%d",total);
}
```

程序中用#define 定义符号常量 PRICE，其值为 10，本程序中出现的 PRICE 就都为 10。

2. 变量

变量是指在程序执行过程中，其值可被改变的量。变量具有三要素：名称、类型和值。认识变量应从这 3 个要素入手。每个变量都有一个名称，称为变量名，它属于某种数据类型。变量在计算机内存中占据一定的存储单元，存储单元中存放着变量的值。事实上，对变量名的使用就是对其值的使用，至于它的存储单元号并不需要关心。在 C 语言中，变量必须遵循"先定义，再赋值，后使用"的原则。

下面介绍如何定义变量，如何初始化变量，以及如何给变量赋值。

（1）定义变量

在 C 语言中，变量使用前必须定义。变量的定义格式如下。

类型说明符　　变量名 1 [，变量名 2，…]；

其中，方括号中的内容为可选项，可以同时定义多个相同类型的变量，变量之间用逗号分隔，例如 int a,b,c;。

（2）初始化变量

变量的初始化是指在定义变量的同时就给它赋一个初值。初始化变量的语句格式如下。

类型说明符　　变量名 1= 初值 1 [，变量名 2= 初值 2，…]；

例如，float x=4.5;、char ch1='t',ch2='h';等都是合法的初始化变量语句。

（3）给变量赋值

给变量赋值是指把一个数据传送到系统给变量分配的存储单元中。定义变量时，系统会自动根据变量类型为其分配存储单元。但是如果此变量在定义时没有被初始化，那么它的值就是一个无法预料的、没有意义的值，所以通常要赋予变量一个有意义的值。给变量赋值的一般形式如下。

变量 = 表达式 ；

示例如下。

```
x=6;
j=j+k;
```

对于赋值语句，有如下说明。

① "="在 C 语言中是赋值符号，不是等号。C 语言中判断两个数值是否相等用比较运算符 "=="。

② 赋值运算是把"="右边表达式的值赋值给"="左边的变量。因此，像 a=a+1 这样的在数学中认为是不成立的表达式，在 C 语言中却是成立的，它表示将 a 原来的值加上 1 后再赋给 a。

③ 允许辗转赋值，即允许一个表达式中包含多个"="。示例如下。

```
int x,y,z;
x=y=z=1;
```

表示先把 1 赋给 z，再把 z 的值赋给 y，最后将 y 的值赋给 x。

说明

在程序设计语言中，各种标识符是有命名规范的。在 C 语言中，常量名通常用大写字母标识，例如#define PI 3.14，而变量名、函数名通常遵循驼峰命名法。驼峰命名法又有小驼峰和大驼峰之分。

小驼峰命名法，即如果标识符由多个单词组成，则第一个单词首字母小写，后面其他单词首字母大写。例如，int myAge;、float manHeight;。

大驼峰命名法，又称帕斯卡命名法，即如果标识符由多个单词组成，则每个单词的首字母都要大写。例如，int MyAge;、float ManHeight;。

注意

读者在给常量或变量命名时，需注意命名规范，并尽量做到"见名知意"。

（三）C 语言的数据类型

程序和算法处理的对象是数据。数据以某种特定的形式存在（如整数、实数、字符），而且不同的数据还存在某些联系（如由若干整数构成的数组）。

C 语言中数据是有类型的，数据的类型简称数据类型。例如，整型数据、实型数据、字符型数据、数组类型数据分别代表我们常说的整数、实数、字符、字符串。C 语言的数据类型如图 2-1 所示。

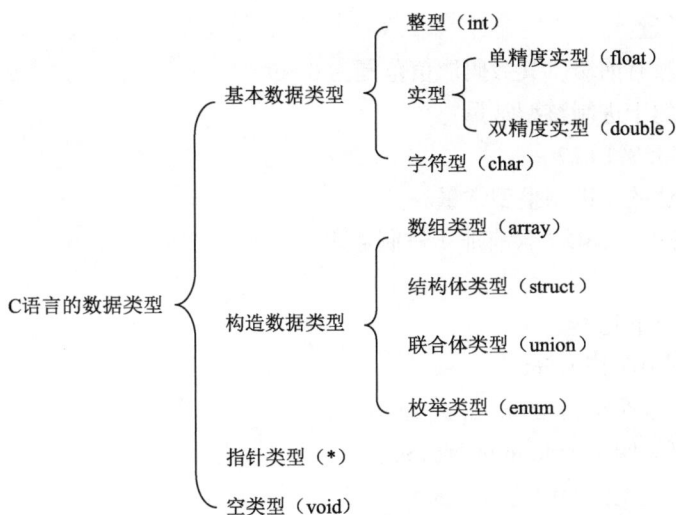

图2-1　C语言的数据类型

数据类型是按被定义变量的性质、表示形式、占据存储空间的多少、构造特点来划分的。对于不同的数据类型，编译系统会分配大小不同的内存单元，以存放不同类型的数据，因此每一类型的数据必然有一定的取值范围。

在 C 语言中，数据类型可以分为基本数据类型、构造数据类型、指针类型、空类型四大类。本单元介绍 C 语言的基本数据类型。

基本数据类型最主要的特点是，其值不可以再分解为其他类型。在 C 语言中，基本数据类型可以分为整型、实型、字符型。

下面将介绍基本数据类型中的整型和实型，字符型将在本单元的任务 2 中进行介绍。

1. 基本数据类型——整型

整型数据包括整型常量和整型变量。在 C 语言中，整型常数分为八进制、十六进制和十进制 3 种。

（1）整型常量

① 八进制整型常量。

八进制整型常量必须以 0 开头，即以 0 作为八进制整型常量的前缀。其数码取值范围为 0～7。八进制整型常量通常是无符号数。

以下各数是合法的八进制整型常量。

015（十进制为 13）、0101（十进制为 65）、0177777（十进制为 65 535）。

以下各数是不合法的八进制整型常量。

256（无前缀 0）、03A2（包含了非八进制数码）、–0127（出现了负号）。

② 十六进制整型常量。

十六进制整型常量的前缀为 0X 或 0x。其数码取值范围为 0～9、A～F 或 a～f。

以下各数是合法的十六进制整型常量。

0X2A（十进制为 42）、0XA0（十进制为 160）、0XFFFF（十进制为 65 535）。

以下各数是不合法的十六进制整型常量。

5A（无前缀 0X）、0X3H（含有非十六进制数码）。

③ 十进制整型常量。

十进制整型常量没有前缀。其数码取值范围为 0～9。

以下各数是合法的十进制整型常量。

237、–568、65 535、1 627。

以下各数是不合法的十进制整型常量。

023（不能有前缀 0）、23D（含有非十进制数码）。

（2）整型变量

整型变量可分为以下几类。

① 基本型：类型说明符为 int。

② 短整型：类型说明符为 short int 或 short。

③ 长整型：类型说明符为 long int 或 long。

④ 无符号类型：类型说明符为 unsigned。

无符号类型又可与上述 3 种类型匹配，构成以下 3 种类型。

无符号基本型：类型说明符为 unsigned int 或 unsigned。

无符号短整型：类型说明符为 unsigned short 或 unsigned short int。

无符号长整型：类型说明符为 unsigned long 或 unsigned long int。

各种无符号类型由于省去了符号位，不能表示负数。分配给各类型数据的字节数与编译器有关，表 2-1 列出了在 32 位编译器环境下各类整型变量的表示范围及分配字节数。整型变量的应用如例 2-2 所示。

表2-1 整型变量的表示范围及分配字节数

类型说明符	表示范围	分配字节数
int	–2 147 483 648～2 147 483 647（-2^{31}～$2^{31}-1$）	4
unsigned（int）	0～4 294 967 295（0～$2^{32}-1$）	4
short（int）	–32 768～32 767（-2^{15}～$2^{15}-1$）	2
unsigned short（int）	0～65 535（0～$2^{16}-1$）	2
long（int）	–2 147 483 648～2 147 483 647（-2^{31}～$2^{31}-1$）	4
unsigned long（int）	0～4 294 967 295（0～$2^{32}-1$）	4

声明整型变量的例子如下。

```
int a,b,c;        //a、b、c为整型变量
long x,y;         //x、y为长整型变量
unsigned p,q;     //p、q为无符号整型变量
```

给整型变量赋值，可以采用如下两种方式。

```
int a;a=10;        //先声明，后赋值
int a=10;          //声明的同时赋值
```

例 2-2　应用整型变量。

在本例中，用 C 程序描述一个学生的年龄，可以定义一个整型变量，为其赋值，最后通过输出语句将其显示在控制台。

```
#include <stdio.h>
void main()
{
    int age;        //定义整型变量
    age=18;         //给整型变量赋值
    printf("%d\n",age);
}
```

代码中定义整型变量、给整型变量赋值的两行可以写成一行。

```
int age=18 ;
```

2. 基本数据类型——实型

（1）实型常量

实型常量有两种表示形式：十进制小数形式和指数形式。

① 十进制小数形式。十进制小数由数字 0～9 和小数点组成。小数点前表示整数部分，小数点后表示小数部分。如 0.234、123.23、–12.3 都是合法的十进制小数。

② 指数形式。这种表示形式包含数值部分和指数部分。数值部分表示方法同十进制小数形式，指数部分由阶码标志"e"或"E"及阶码（只能是整数，可以带符号）组成。一般形式为 $a\mathrm{E}n$，其值为 $a \times 10^n$。如 1e12、10e–2、1.23E+2 等都是合法的指数。用指数形式表示很大或很小的数据比较方便。

例如，3.1e5（等价于 3.1×10^5）、2.5E–8（等价于 2.5×10^{-8}）。

> **注意**
>
> 　　大小写形式的 e 皆可，但 e 前面的数字不能省，就算是 1 也不能省，e 后面的数字必须是整数。

（2）实型变量

C 语言提供的实型变量按其能够表示的精度和范围，又分为单精度实型（float）和双精度实型（double）。单精度实型数值的有效数字为 6～7 位，双精度实型数值的有效数字为 15～16 位。各种类型的实型变量的表示范围及分配字节数如表 2-2 所示。单精度实型变量和双精度实型变量的应用分别如例 2-3 和例 2-4 所示。

表2-2　实型变量的表示范围及分配字节数

类型说明符	表示范围	有效数字	分配字节数
float	$-3.4 \times 10^{-37} \sim 3.4 \times 10^{38}$	6～7	4
double	$-1.7 \times 10^{-307} \sim 1.7 \times 10^{-308}$	15～16	8

实型变量的定义格式和书写规则与整型变量相同，示例如下。

```
float a,b,c;              //a、b、c为单精度实型变量
double x,y;               //x、y为双精度实型变量
```

为实型变量赋值，示例如下。

```
float a;a=2.5;
```

或

```
float a=2.5;
```

例 2-3 应用单精度实型变量。

在本例中，用 C 程序描述一个学生的身高，可以定义一个单精度实型变量并为其赋值，最后通过输出语句将其显示在控制台。

```
#include <stdio.h>
void main()
{
    float height;          //定义单精度实型变量
    height=180.1;          //给单精度实型变量赋值
    printf("%f\n",height);
}
```

代码中定义单精度实型变量和给单精度实型变量赋值的两行可以写成一行。

```
float height=180.1;
```

例 2-4 应用双精度实型变量。

在本例中，用 C 程序描述一个学生的体重，可以定义一个双精度实型变量并为其赋值，最后通过输出语句将其显示在控制台。

```
#include <stdio.h>
void main()
{
    double weight;   //定义双精度实型变量
    weight=130.5;    //给双精度实型变量赋值
    printf("%lf\n",weight);
}
```

代码中定义双精度实型变量、给双精度实型变量赋值的两行可以写成一行。

```
double weight=130.5;
```

● **任务实施**

根据以上知识点，可以完成本任务。

已知半径，求圆的面积，程序代码如下。

```
/****求圆的面积****/
#define  PI 3.14              //声明常量
void main()
{
    int r;                   //圆半径 r
    float s;                 //圆面积 s
    r=2;
```

```
    s=PI*r*r;
    printf("s=%.2f",s);
}
```

运行结果如图 2-2 所示。

图2-2　任务1的运行结果

我们在计算圆的面积时，需要确保半径准确，且 π 值取 3.14 结果会更精确。在科学研究和日常生活中，确保事物精确性和严谨性都是非常重要的。

● **特别提示**

① 允许在一个类型说明符后定义多个相同类型的变量。各变量名之间用逗号分隔，类型说明符与变量名之间至少用一个空格分隔，例如 int a,b。

② 在使用变量之前需要先对变量进行定义，定义部分一般放在函数体的开头部分。

③ 分隔符。在 C 语言中采用的分隔符主要有逗号和空格两种。逗号主要用在类型说明和函数参数表中，用以分隔各个变量。空格多用于语句各单词之间，用作分隔符。在关键字和标识符之间至少要有一个空格作分隔符，否则将会出现语法错误，例如把 int a; 写成 inta;，C 编译器会把 inta 当作一个标识符处理，运行必然出错。

④ 注释符。C 语言的注释分为单行注释和多行注释。以"//"开头的为单行注释，其后为注释内容 ；以"/*"开头并以"*/"结尾的为多行注释，在"/*"和"*/"之间的即为注释内容。程序编译时，不对注释做任何处理。注释可出现在程序中的任何位置，用来向用户提示或解释程序的意义。

利用注释调试程序，也是经常使用的程序调试方法。可对暂不使用的语句用注释符标注，使编译时跳过不做处理，待调试结束后再去掉注释符。

任务2　编制密码器——字符型数据

● **工作任务**

在数字化时代，信息安全变得尤为重要。密码器作为保证信息安全的重要工具，被广泛应用于各个领域。在本任务中，我们编制一个密码器，实现发送加密电报。报文是由小写字母 a～n 组成的，在发报时每输入一个字母，就输出与其相邻的下一个字母。

微课视频

字符型数据

● **思路指导**

输入：输入 a～n 中的某个字母并将其存储到变量 word 中。

输出：加密后的字母存储到变量 password 中，输出 password。

处理：输入字符型数据，输出加 1 后的字符型数据。

基本数据类型——字符型

（1）字符型常量

C 语言中有两种类型的字符型常量：普通字符和转义字符。

① 普通字符：用单引号标注的单个字符。例如，'%'、'2'、'a'、'A'。

使用普通字符时需要注意以下 3 点。

a. 'a'和'A'不同。

b. 单引号中的空格符也是一个字符型常量。

c. 字符型常量在内存中占一个字节，存放的是字符的 ASCII 值，例如，'a'的 ASCII 值是 97、'A'的 ASCII 值是 65、'2'的 ASCII 值是 50。

② 转义字符：除了可以直接从键盘上输入的字符（如英文字母、标点符号、数字、数学运算符等），还有一些字符是无法用键盘直接输入的，例如回车符，此时需要采用一种新的定义方式——转义字符，即以"\"开头的具有特殊含义的字符。常用的转义字符见表 2-3。

表2-3　常用的转义字符

转义字符	说明
\n	换行
\t	横向跳到下一个制表位置
\b	退格
\r	回车
\\	反斜杠字符"\"
\'	单引号符
\"	双引号符
\ddd	1～3 位八进制数据所代表的字符
\xhh	1～2 位十六进制数据所代表的字符

（2）字符串常量

字符串常量是用双引号标注的零个、一个或多个字符，例如，"Beijing"、"I' m a student"、"%d%d"等都是合法的字符串常量。

字符串常量在内存中存储时，依次存放的是字符串中每个字符和字符串结束标志"\0"，所以字符串常量在内存中占"字符串字符数+1"的存储空间，例如，"Beijing" 在内存中占 7+1 个字节。在书写字符串常量时不必加"\0"，因为"\0"是编译系统自动加上的。

> **注意**　C 语言中没有字符串变量，不能将一个字符串常量赋给一个字符型变量，例如，char c1="Beijing"; 是错误的。要想存放一个字符串常量，必须使用数组或指针变量。

（3）字符型变量

字符型变量用来存放字符型常量，即只能存放单个字符，在内存中占 1 个字节。其定义方式如下。

```
char c1,c2;
```

也可以在定义时赋值,具体如下。

```
char c1='a',c2='b';
```

例2-5　应用字符型变量。

在本例中,用 C 程序描述一个学生的性别。性别用数值无法表示,可以定义一个字符型变量并为其赋值,最后通过输出语句将其显示在控制台。

```
#include <stdio.h>
void main()
{
    char gender;        //定义字符型变量
    gender='M';         //给字符型变量赋值
    printf("%c\n",gender);
}
```

代码中定义字符型变量、给字符型变量赋值的两行可以写成一行。

```
char gender='M';
```

将一个字符型常量存放到字符型变量中,实际上存放的是该字符二进制形式的 ASCII 值,转换为十进制则'A'为 65、'B'为 66、'a'为 97、'b'为 98。正是因为字符型数据的这种特殊存储形式,使得字符型数据和整型数据之间可以进行运算。在输出时,一个字符型数据既可以字符形式输出,又可以整数形式输出。字符型变量的输出如例 2-6 所示。

> **说明**
>
> 计算机使用特定的整数编码来表示对应的字符。我们通常使用的英文字符编码是美国信息交换标准码(American Standard Code for Information Interchange,ASCII)。ASCII 是一个标准,其规定了把英文字母、数字、标点、字符转换成计算机能识别的二进制数的规则,并且被广泛认可和遵守。附录 2 为"常用字符与 ASCII 值对照表"(以下简称 ASCII 表),供大家查阅使用。如附录 2 所示,ASCII 表大致由以下两部分组成。
>
> ① ASCII 非打印控制字符:ASCII 表中的数字 0~31 分配给了控制字符,用于控制像打印机等一些外围设备。参见 ASCII 表中的 0~31。
>
> ② ASCII 打印字符:数字 32~127 分配给了能在键盘上找到的字符,当查看或打印文档时就会出现。参见 ASCII 表中的 32~127。

例2-6　字符型变量的输出。

```
#include <stdio.h>
void main()
{
    char c1,c2;
    c1='a';
    c2='b';
    printf("%c,%c\n",c1,c2);
    printf("%d,%d",c1,c2);
}
```

运行结果如下。

```
a,b
97,98
```

例 2-7 大小写字母转换。

```
#include <stdio.h>
void main()
{
    char c1,c2;
    c1='a';
    c2='b';
    c1=c1-32;
    c2=c2-32;
    printf("%c%c",c1,c2);
}
```

运行结果如下。

```
AB
```

从 ASCII 表中可以看到，每个小写字母的 ASCII 值比对应的大写字母大 32，即'a'='A'+32。

● **任务实施**

编制密码器的程序代码如下。

```
/***编制密码器的程序***/
#include <stdio.h>
void main()
{
    char word,password;
    printf("请输入 a~n 中的一个字母: ");    //输入提示
    scanf("%c",&word);                       //输入字符
    password=word+1;
    printf("加密后的字母为%c\n",password);
}
```

运行结果如图 2-3 所示。

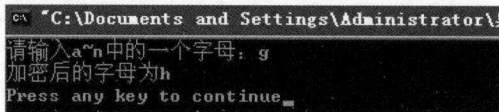

图2-3　任务2的运行结果

● **特别提示**

① 对于字符型数据，除转义字符外，其值均是由单引号标注的一个字符的 ASCII 值。

② 字符'3'和数字 3 是不同的。ASCII 表规定'3'的值是 51。

任务 3　分离数字问题——运算符与表达式

● **工作任务**

编写一个程序，从键盘输入一个 3 位整数并将其逆序输出。例如，输入 123，输出 321。

微课视频

运算符与表达式

● **思路指导**

已知：一个 3 位整数存储在变量 n 中。

输出：将 n 逆序输出。

处理：将这个 3 位整数分解，分别求出百位（n/100）、十位（n/10%10）、个位（n%10），然后逆序输出。

● **相关知识**

运算符与表达式

运算符：运算符是表示各种运算的符号。

表达式：使用运算符将常量、变量、函数等连接起来，即可构成表达式。

C 语言把除控制语句和输入输出以外的几乎所有基本操作都作为运算符处理，C 语言中丰富的运算符构成了 C 语言中丰富的表达式。

C 语言不仅提供一般高级语言的算术运算符、关系运算符、逻辑运算符，还提供赋值运算符、位运算符、sizeof 运算符等。运算符根据作用可分为表 2-4 所示的七大类。

表2-4　常见的C语言运算符类型及其作用

运算符类型	作用
算术运算符	用于处理四则运算
赋值运算符	用于将表达式的值赋给变量
关系运算符	用于表达式的比较，并返回一个真值或假值
逻辑运算符	用于根据表达式的值返回一个真值或假值
位运算符	用于处理数据的位运算
sizeof 运算符	用于求字节数
逗号运算符	用于处理顺序求值运算

本单元主要介绍算术运算符、赋值运算符（包括自增、自减运算符）、逗号运算符、位运算符、sizeof 运算符，其他运算符将在后续相关单元中结合有关内容进行介绍。

1. 算术运算符和算术表达式

（1）算术运算符

+：正号运算符，如+3。

−：负号运算符，如−2。

+：加法运算符，如 3+5。

−：减法运算符，如 5−2。

*：乘法运算符，如 3*5。

/：除法运算符，如 5/3、5.0/3。

%：模运算符或求余运算符，如 7%4。

> **说明**
>
> ① 两个整数相除的结果为整数，如 5/3 的值为 1，舍去小数部分。而 5.0/3 的值为 1.67（保留小数点后两位）。
>
> ② 求余也称为求模，要求运算符%两边的操作数均为整数，结果为两数相除所得的余数。例如，8%5 的值为 3。

（2）算术表达式

用算术运算符和括号将运算对象（也称操作数）连接起来的、符合 C 语言语法规则的式子称为 C 语言算术表达式。运算对象可以是常量、变量、函数等。

例如，下面是一个合法的 C 语言算术表达式。

```
a*b/c-1.5+'a'
```

> **说明**
>
> C 语言算术表达式的书写形式与数学表达式的书写形式有一定的区别，如下所示。
>
> ① C 语言算术表达式的乘号（*）不能省略。例如，数学表达式 b^2-4ac 对应的 C 语言算术表达式应该写成 b*b-4*a*c。
>
> ② C 语言算术表达式中只能出现字符集允许的字符。例如，数学表达式 πr^2 对应的 C 语言算术表达式应该写成 PI*r*r（其中 PI 是已经定义的符号常量）。
>
> ③ C 语言算术表达式不允许有分子分母的形式（所有字符必须写在同一行）。例如，(a+b)/(c+d)。

（3）算术运算符的优先级与结合性

① C 语言规定了算术运算符的"优先级"和"结合性"，详见附录 3"运算符的优先级和结合方向"。在表达式求值时，先按运算符的优先级从高到低依次执行。

例如，表达式 a−b*c 等价于 a−(b*c)，因为"*""/"运算符的优先级高于"+""−"运算符。

② 如果一个运算对象两侧的运算符优先级相同，则按规定的结合方向处理。

> **思考**
>
> a−b+c,到底是(a−b)+c 还是 a−(b+c)?（b 先与 a 参与运算还是先与 c 参与运算？）

查附录 3 可知，"+""−"运算符优先级相同，结合方向为"自左向右"，也就是说 b 先与左边的 a 结合。所以 a−b+c 等价于(a−b)+c。

左结合性（自左向右的结合方向）：运算对象先与左边的运算符结合。

右结合性（自右向左的结合方向）：运算对象先与右边的运算符结合。

③ 在书写多个运算符的表达式时，应当注意各个运算符的优先级，确保表达式中的运算符能以正确的顺序参与运算。对于复杂表达式，为清晰起见，可以加圆括号"（ ）"强制规定计算顺序

（不要用{}和[]）。可以使用多层圆括号，此时左右括号必须配对，运算时从内层圆括号开始，由内向外依次计算表达式的值。

2．赋值运算符和赋值表达式

（1）赋值运算符和赋值表达式的基础知识

赋值运算符："="是赋值运算符。

赋值表达式：由赋值运算符组成的表达式称为赋值表达式，一般形式如下。

〈变量〉〈赋值运算符〉〈表达式〉

赋值表达式的求解过程：将赋值运算符右侧表达式的值赋给左侧的变量，同时整个赋值表达式的值就是刚才所赋的值。

赋值的含义：将赋值运算符右侧表达式的值存放到左侧变量名标识的存储单元中。

例如，x=10+y;表示执行赋值运算（操作），将 10+y 的值赋给变量 x，同时整个赋值表达式的值就是刚才所赋的值。

> 说明
>
> 赋值运算符左侧必须是变量，右侧可以是常量、变量、函数调用等，也可以是常量、变量、函数调用等组成的表达式。
>
> 例如，x=10、y=x+10、y=func()都是合法的赋值表达式。

赋值运算符 "=" 不同于数学的等号，它没有相等的含义。（ "==" 用于判断是否相等。）

例如，在 C 语言中，x=x+1 是合法的（数学上不合法），它的含义是取出变量 x 的值加 1，再将结果存放到变量 x 中。

C 语言的赋值运算符 "=" 除了表示一个赋值操作，还是一个运算符，也就是说赋值运算符完成赋值操作后，整个赋值表达式还会产生一个所赋的值，这个值还可以利用。

赋值表达式的求解过程如下。

① 先计算赋值运算符右侧表达式的值。

② 将赋值运算符右侧表达式的值赋给左侧的变量。

③ 整个赋值表达式的值就是被赋值变量的值。

例如，分析 x=y=z=3+5 这个赋值表达式。根据优先级，原式⇔x=y=z=(3+5)。根据结合性（自右向左），原式⇔x=(y=(z=(3+5)))⇔x=(y=(z=3+5))。

z=3+5：先计算 3+5，得值 8，将 8 赋给变量 z，z 的值为 8，(z=3+5)整个赋值表达式的值为 8。

y=(z=3+5)：将上面(z=3+5)整个赋值表达式的值 8 赋给变量 y，y 的值为 8，(y=(z=3+5))整个赋值表达式的值为 8。

x=(y=(z=3+5))：将上面(y=(z=3+5))整个赋值表达式的值 8 赋给变量 x，x 的值为 8，x=(y=(z=3+5))整个赋值表达式的值为 8。

最后，x、y、z 的值都为 8。

本例的运算步骤见表 2-5。

表2-5　运算步骤

序号	赋值表达式	变量（值）	赋值表达式的值
1	z=3+5	z（8）	8
2	y=(z=3+5)	y（8）	8
3	x=(y=(z=3+5))	x（8）	8

将赋值表达式作为表达式的一种，使赋值操作不仅可以出现在赋值语句中，还可以表达式的形式出现在其他语句中。

（2）复合赋值运算符

在赋值运算符"="之前加上某些运算符，可以构成复合赋值运算符。复合赋值运算符可以构成赋值表达式。C语言中许多运算符可以与赋值运算符一起构成复合赋值运算符，如+=，-=，*=，/=，%=。

复合赋值表达式的一般形式如下。

< 变量 >< 运算符 >=< 表达式 >

复合赋值表达式的一般形式等价于如下形式。

< 变量 >=< 变量 >< 运算符 >< 表达式 >

示例如下。

n+=1 等价于 n=n+1。

x*=y+1 等价于 x=x*(y+1)。

> **注意**
>
> 赋值运算符、复合赋值运算符的优先级比算术运算符低。

赋值运算符、赋值表达式应用举例。

```
a=5
a=b=5
a=(b=4)+(c=3)
```

例 2-8 假如 a=12，分析 a+=a-=a*a 的值。

a+=a-=a*a⇔a+=a-=(a*a)⇔a+=(a-=(a*a))⇔a+=(a=a-(a*a))⇔a+=(a=a-a*a)⇔a=a+(a=a-a*a)。

通过分析表达式，得出运算后 a 的值为-264。

（3）自增、自减运算符及表达式

自增、自减运算符使变量的值增 1 或减 1，例如，++i，i++，--i，i--。

其中，++i、--i（前置运算）表示先自增、自减，再参与运算；i++、i--（后置运算）表示先参与运算，再自增、自减。

例如，i=3，分析 j=++i;、j=i++;。

j=++i;：i 先自增，再赋给 j，i 的值是 4，j 的值是 4。

j=i++;：i 先赋给 j，再自增，j 的值是 3，i 的值是 4。

自增、自减运算符只用于变量，而不能用于常量或表达式。

例如，6++、(a+b)++、(-i)++ 都不合法。

++、--的结合方向是自右向左（与一般算术运算符不同）。

例如，-i++ - (i++)，合法。

自增、自减运算符常用于循环语句中，使循环变量自动加 1；也用于指针变量，使指针指向下一个地址。

> **说明** 不管是前缀++还是后缀++，对于变量的作用都是加 1；但对表达式来说，++在前的表达式用的是变量加 1 以后的新值，++在后的表达式用的是变量原来的值。--的用法与++相同。

（4）有关表达式使用过程中的问题说明

C 语言运算符和表达式使用灵活，但是 ANSI C（美国国家标准协会及国际标准化组织推出的关于 C 语言的标准）并没有具体规定表达式中子表达式的求值顺序，允许各编译系统自己安排。这可能导致有些表达式在不同编译系统中有不同的解释，并导致最终结果的不一致。

例如，i=3，表达式(i++)+(i++)+(i++)的值在 VC++ 6.0 中等价于 3+4+5，在 Turbo C 中则等价于 3+3+3。

C 语言中有的运算符为一个字符，有的由两个字符组成。编译系统在处理时尽可能多地将若干字符组成一个运算符（在处理标识符、关键字时也按同一原则处理），如 i+++j 将解释为(i++)+j 而不是 i+(++j)。为避免误解，最好采用大家都能理解的写法，比如通过添加括号明确组合关系，提高可读性。

C 语言中类似的问题还有函数调用时实参的求值顺序，ANSI C 对此也无统一规定。

例如，i=3,printf("%d,%d",i,i++);。

有些系统执行的结果为 3,3，有些系统为 4,3。

总之，不要写别人看不懂（难看懂）、也不知道系统会怎样执行的程序。

3. 逗号运算符和逗号表达式

C 语言提供了一种特殊的运算符——逗号运算符（顺序求值运算符）。用它将两个或多个表达式连接起来，表示顺序求值（顺序处理）。用逗号运算符连接起来的表达式称为逗号表达式。

例如，3+5,6+8。

逗号表达式的一般形式如下。

```
表达式 1，表达式 2,…，表达式 n
```

逗号表达式的求解过程：自左向右，求解表达式 1、求解表达式 2……求解表达式 n。整个逗号表达式的值是表达式 n 的值。

例如，逗号表达式 3+5,6+8 的值为 14。

例 2-9　分析 a=3*5,a*4 的值。

查附录 3 可知，"="运算符的优先级高于","运算符（事实上，逗号运算符优先级最低）。所以上面的表达式等价于如下表达式。

```
(a=3*5),(a*4)
```

所以整个逗号表达式的值为 60（其中 a=15）。

例 2-10　分析下列程序。

```
#include <stdio.h>
void main()
{
  int x,a;
  x=(a=3,6*3);  /* a=3,x=18 */
  printf("%d,%d\n",a,x);
  x=a=3,6*a;    /* a=3,x=3 */
```

```
    printf("%d,%d\n",a,x);
}
```

运行结果如下。

```
3,18
3,3
```

逗号表达式主要用于将若干表达式"串联"起来，表示一个顺序的操作（计算）。在许多情况下，使用逗号表达式的目的只是想分别得到各个表达式的值，而并非一定要得到和使用整个逗号表达式的值。

4．位运算符

位运算符是针对二进制数的每一位进行运算的运算符，其专门针对二进制数 0 和 1 进行操作。C 语言中的位运算符及其用法范例如表 2-6 所示。

表2-6　位运算符及其用法范例

位运算符	运算	范例
&	按位与	0&0 的值是 0 0&1 的值是 0 1&1 的值是 1 1&0 的值是 0
|	按位或	0|0 的值是 0 0|1 的值是 1 1|1 的值是 1 1|0 的值是 1
~	取反	~0 的值是 1 ~1 的值是 0
^	按位异或	0^0 的值是 0 0^1 的值是 1 1^1 的值是 0 1^0 的值是 1
<<	左移	00000101<<1 的值是 00001010 10000101<<1 的值是 00001010
>>	右移	00000101>>1 的值是 00000010 10000101>>1 的值是 11000010

接下来通过一些具体示例对表 2-6 中描述的位运算符进行详细介绍。为了方便描述，下面的运算都针对 byte 类型的数据，也就是 1 个字节大小的数据。

① 位运算符"&"用于将参与运算的两个二进制数进行按位与运算，如果两个二进制数的对应位都为 1，则该位的运算结果为 1，否则为 0。

例如，将 5 和 12 进行按位与运算，5 对应的二进制数为 00000101，12 对应的二进制数为 00001100，具体演算过程如下。

```
    00000101
&
    00001100
  ————————
    00000100
```

运算结果为 00000100，对应数值 4。

② 位运算符"|"用于将参与运算的两个二进制数进行按位或运算，如果两个二进制数的对应位上有一个位为 1，则该位的运算结果为 1，否则为 0。

例如，将 5 与 12 进行按位或运算，具体演算过程如下。

```
  00000101
|
  00001100
——————————
  00001101
```

运算结果为 00001101，对应数值 13。

③ 位运算符"~"只针对一个二进制数进行取反运算，如果二进制位是 0，则取反值为 1；如果是 1，则取反值为 0。

例如，将 5 进行取反运算，具体演算过程如下。

```
~ 00000101
——————————
  11111010
```

运算结果为 11111010，取反码为 10000101（符号位不变，其余各位取反），补码为 10000110，对应数值 -6。

④ 位运算符"^"用于将参与运算的两个二进制数进行按位异或运算，如果两个二进制数的对应位相同，则该位的运算结果为 0，否则为 1。

例如，将 5 与 12 进行按位异或运算，具体演算过程如下。

```
  00000101
^
  00001100
——————————
  00001001
```

运算结果为 00001001，对应数值 9。

⑤ 位运算符"<<"用于将操作数所有二进制位向左移动一位。运算时，右边的空位补 0，左边移走的部分舍去。

例如，一个 byte 类型的数字 5 用二进制表示为 00000101，将它左移一位，具体演算过程如下。

```
00000101 <<1
——————————
 00001010
```

运算结果为 00001010，对应数值 10。

⑥ 位运算符">>"用于将操作数所有二进制位向右移动一位。运算时，左边的空位根据原数的符号位补 0 或者 1（原来是负数就补 1，是正数就补 0）。

例如，一个 byte 类型的数字 5 用二进制表示为 00000101，将它右移一位，具体演算过程如下。

```
00000101 >>1
——————————
 00000010
```

运算结果为 00000010，对应数值 2。

5. sizeof 运算符

同一种数据类型在不同的编译系统中所占空间不一定相同，例如，在基于 16 位的编译系统中，整型占用 2 个字节，而在 32 位的编译系统中，整型占用 4 个字节。为了获取某一数据类型在内存中所占的字节数，C 语言提供了 sizeof 运算符。使用 sizeof 运算符获取数据类型字节数，其基本语法规则如下。

```
sizeof( 数据类型名称 );
```

或

```
sizeof( 变量名称 );
```

例 2-11 计算每种数据类型所占内存的大小。

```c
#include <stdio.h>
void main()
{
    //通过变量名称计算变量所属数据类型占用内存大小
    int v_int = 10;
    double v_double = 111.0;
    printf("v_int: %d\n", sizeof(v_int));
    printf("v_double: %d\n", sizeof(v_double));
    //通过数据类型名称计算各基本数据类型所占内存大小
    printf("char: %d\n", sizeof(char));
    printf("short: %d\n", sizeof(short));
    printf("long: %d\n", sizeof(long));
    printf("float: %d\n", sizeof(float));
    printf("double: %d\n", sizeof(double));
    printf("unsigned char: %d\n", sizeof(unsigned char));
    printf("unsigned short: %d\n", sizeof(unsigned short));
    printf("unsigned int: %d\n", sizeof(unsigned int));
    printf("unsigned long: %d\n", sizeof(unsigned long));
}
```

运行结果如图 2-4 所示。

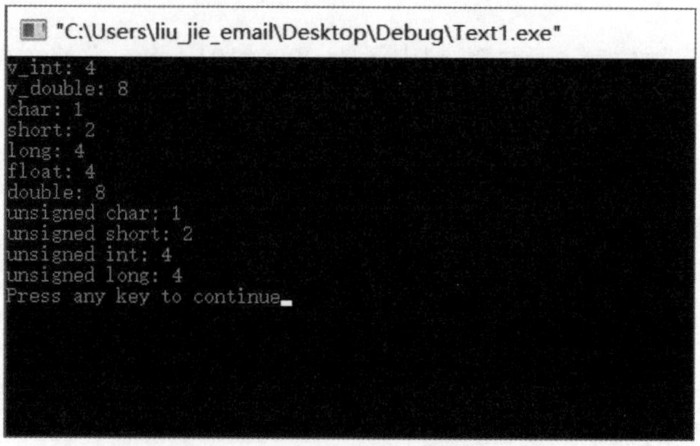

图2-4 例2-11的运行结果

> 说明　C语言的运算符分为单目、双目、三目3种。运算时只需要一个运算对象的运算符为单目运算符，如正号（＋）、负号（－）、自增（++）、自减（－－）等；运算时需要两个运算对象的运算符为双目运算符，如加法（＋）、减法（－）、乘法（*）、除法（/）等；C语言中只有一个三目运算符，即条件运算符（？:），运算时需要3个运算对象，见第4单元的拓展与提高。

● **特别提示**

① 分离数字是C语言的基础算法之一，请读者认真理解并掌握。

② "%"是求余运算符，求余运算要求运算符两边是整数。

● **任务实施**

3位整数逆序输出，程序代码如下。

```c
/********3 位整数逆序输出********/
#include <stdio.h>
void main()
{
    int n,a1,a2,a3;
    printf("请输入 3 位整数：");
    scanf("%d",&n);
    a1=n/100;        //求百位
    a2=n/10%10;      //求十位
    a3=n%10;         //求个位
    printf("%d%d%d\n",a3,a2,a1);  //逆序输出
}
```

运行结果如图2-5所示。

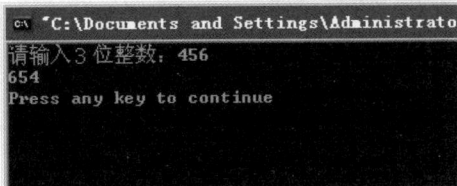

图2-5　运行结果

在完成数字分离任务的过程中，我们要对每一位数字进行细致的处理，不能遗漏任何一位，做到细心、耐心。另外，在编写程序时，还需要思考如何通过一系列运算来分离出每一位数字，有意识地锻炼逻辑思维能力以及分析问题、解决问题的能力。完成基本任务后还可以进一步思考如何优化程序，使其更加高效、简洁。

拓展与提高

（一）进制及进制转换

1. 进制

进制是一种计数机制，在C语言中常用的进制有二进制、八进制、十进制和十六进制。

（1）二进制

在绝大多数计算机系统中，数据通常是以二进制的形式存在的。二进制是一种"逢二进一"的进制，它用 0 和 1 两个符号来描述。当用二进制数表示十进制数 2 时，由于二进制的符号只有 0 和 1，因此根据"逢二进一"的规则，需要向高位进一位，表示为 10。同理，使用二进制数表示十进制数 4 时，继续向高位进一位，表示为 100。

（2）八进制

八进制是一种"逢八进一"的进制，它由 0~7 共 8 个符号来描述。当使用八进制数表示十进制数 8 时，由于表示八进制的符号只有 0~7，因此根据"逢八进一"的规则，需要向高位进一位，表示为 10。同理，使用八进制数表示十进制数 16 时，继续向高位进一位，表示为 20。

（3）十六进制

十六进制是一种"逢十六进一"的进制，它由 0~9、A~F 共 16 个符号来描述。当使用十六进制数表示十进制数 16 时，由于表示十六进制的符号只有 0~9、A~F，因此根据"逢十六进一"的规则，需要向高位进一位，表示为 10。同理，使用十六进制数表示十进制数 32 时，继续向高位进一位，表示为 20。

2．进制转换

计算机中的一个数值可以用不同的进制来表示，但实际上，不管是用哪种进制来表示，数值本身是不会发生变化的。因此，各种进制之间可以实现转换。下面就以前面提到的十进制、二进制、八进制、十六进制为例来讲解不同进制之间如何实现转换。

（1）十进制数与二进制数之间的转换

十进制数与二进制数之间的转换是最常见也是必须掌握的。

十进制数转二进制数可以采用除 2 取余的方式。也就是说，将要转换的数先除以 2，得到商和余数，将商继续除以 2，得到商和余数，此过程一直重复到商为 0。最后将得到的所有余数倒序排列，即可得到转换结果。

接下来就以十进制数 7 转换为二进制数为例进行说明，其演算过程如图 2-6 所示。

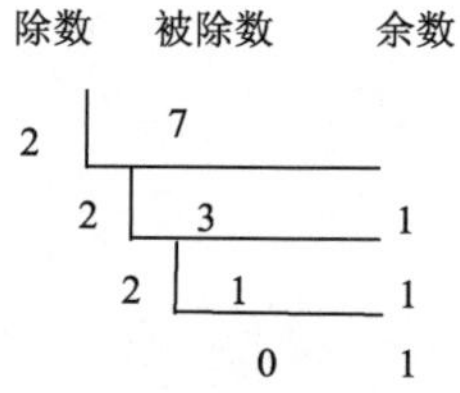

从图 2-6 可以看出，十进制数 7 连续 3 次除以 2 后，得到的余数依次是 1、1、1。将所有余数倒序排列后为 111，因此，十进制数 7 转换成二进制数后的结果是 111。

图2-6　十进制数转换成二进制数

二进制数转换成十进制数要从右到左用二进制位上的每个数乘 2 的相应次方。例如，将最右边第一位的数乘 2 的 0 次方，第二位的数乘 2 的 1 次方，第 n 位的数乘 2 的 $n-1$ 次方，然后把所有乘积相加，得到的结果就是转换后的十进制数。

例如，把一个二进制数 110 转换为十进制数，转换方式如下。

$$0 \times 2^0 + 1 \times 2^1 + 1 \times 2^2 = 6$$

得到的结果 6 就是二进制数 110 对应的十进制表现形式。

（2）八进制数与二进制数之间的转换

八进制数与二进制数之间的转换比较常见的操作就是将一个二进制数转换为八进制数。在转换的过程中有一个技巧，就是自右向左将二进制数的每 3 位分成一段（若不足 3 位，用 0 补齐），然后将二进制数每段的 3 位转换为八进制数的 1 位，转换过程中数值的对应关系如表 2-7 所示。

表2-7 二进制数和八进制数的对应

二进制数	八进制数
000	0
001	1
010	2
011	3
100	4
101	5
110	6
111	7

以二进制数 00101110 转换为八进制数为例来演示，具体步骤如下。

① 每 3 位分成一段，结果为 000 101 110。

② 将每段的数值分别查表替换，结果如下。

110 → 6

101 → 5

000 → 0

将替换的结果进行组合，组合后的八进制数为 0056（注意八进制数必须以 0 开头）。

要将八进制数转二进制数，则将每一位八进制数字符号转换为 3 位二进制数，查表 2-7，即可进行转换。如将八进制数 013 转换为二进制数，查表替换，结果如下。

```
1->001
3->011
```

将替换的结果进行组合，将整数部分前面的 0 去掉，组合后的二进制数为 1011。

（3）十六进制数与二进制数之间的转换

二进制数转换为十六进制数与二进制数转换为八进制数类似，不同的是要将二进制数的每 4 位分成一段（若不足 4 位用 0 补齐），查表替换即可。二进制数转换为十六进制数过程中，数值的对应关系如表 2-8 所示。

表2-8 二进制数和十六进制数的对应

二进制数	十六进制数	二进制数	十六进制数
0000	0	1000	8
0001	1	1001	9
0010	2	1010	A
0011	3	1011	B
0100	4	1100	C
0101	5	1101	D
0110	6	1110	E
0111	7	1111	F

例如，将二进制数 01000110 转换为十六进制数的具体步骤如下。

① 每 4 位分成一段，结果为 0100 0110。

② 将每段的数值分别查表替换，结果如下。

0110 → 6

0100 → 4

将替换的结果进行组合，转换的结果为 0x46 或 0X46（注意十六进制数必须以 0x 或者 0X 开头）。

要将十六进制数转二进制数，则将每一位十六进制数字符号转换为 4 位二进制数，查表 2-8，即可进行转换。如将十六进制数 0x13 转换为二进制数，查表替换，结果如下。

```
1->0001
3->0011
```

将替换的结果进行组合，将整数部分前面的 0 去掉，组合后的二进制为 10011。

上面讲解了二进制数与其他进制数之间的转换。除二进制数外，其他进制数之间的转换也很简单，只需将它们转换成二进制数，然后将二进制数转换为其他进制数即可。

（二）数据类型转换

在 C 语言中，整型、单精度实型、双精度实型、字符型数据可以共存于一个表达式中，并按一定的规则进行计算。例如 1.5*2+10-'3'/1.2。

C 语言会对参与运算的数据做某种转换，把它们转换成同一类型的数据，然后再进行运算。C 语言的数据类型转换分为自动转换和强制转换两种。

1. 自动转换

C 语言自动转换数据类型的原则是把短类型转换为长类型，如图 2-7 所示。

在图 2-7 中，水平方向的转换是自动进行的，即 char 类型和 short 类型参与运算时，编译系统先将它们转换成 int 类型，而 float 类型先转换成 double 类型。需要指出的是，两个 float 类型的数据之间的运算，也要先将其转换成 double 类型，以便提高运算精度。

垂直方向的转换表示当运算对象为不同类型时的转换方向。例如，int 类型和 double 类型参与运算，先将 int 类型转换成 double 类型，然后两个同类型的数据进行运算，结果为 double 类型。不要以为 int 类型先转换成 unsigned 类型，再转换成 long 类型，然后转换成 double 类型，如以下表达式。

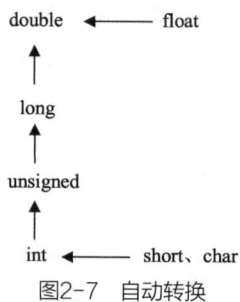

图2-7 自动转换

```
3.14159265*2*1.5-2269978
```

其中，3.141 592 65 为双精度实型，2 为整型，1.5 为单精度实型，2 269 978 为长整型，根据规则，均转换为双精度实型再做运算。

2. 强制转换

强制转换是通过类型转换运算来实现的，它把表达式的运算结果强制转换成类型说明符所表示的类型，其一般形式如下。

（类型说明符）（表达式）

注意，类型说明符即类型名，必须用圆括号标注。表达式一般用圆括号标注，但单个变量可以不用圆括号标注。

示例如下。

```
(double)i
(int)5.5%2
(float)(5%3)
```

> **注意** 数据前面的圆括号称为强制类型转换符，优先级高于算术运算符。强制类型表达式的类型是"(类型说明符)"所代表的类型，变量本身的类型不变，如例 2-12 所示。

例 2-12 数据类型强制转换。

```
#include <stdio.h>
void main()
{
    int x;
    float y=10.5;
    x=(int)y%4;
    printf("x=%d,y=%.2f",x,y);
}
```

运行结果如下。

```
x=2,y=10.50
```

（三）经典算法

1. 累加和累乘

累加就是将一系列的数字分别相加，最后得到一个结果。如计算 1+2+3+4+5，其程序代码如例 2-13 所示。

例 2-13 累加程序。

```
#include <stdio.h>
void main()
{
    int x=0;
    x=x+1;
    x=x+2;
    x=x+3;
    x=x+4;
    x=x+5;
    printf("1+2+3+4+5=%d\n",x);
}
```

代码 x=0;是给 x 赋初值，重点关注以下内容。

```
x=x+1;
```

这行代码使用了非常经典的累加算法，即把"="右边表达式的值赋给左边的变量。

累加算法中 x 的初值为 0，累乘算法中 x 的初值为 1。

累乘和累加相似，如计算 $1\times2\times3\times4\times5$，其程序代码如例 2-14 所示。

例 2-14 累乘程序。

```c
#include <stdio.h>
void main()
{
    int x=1;
    x=x*1;
    x=x*2;
    x=x*3;
    x=x*4;
    x=x*5;
    printf("1*2*3*4*5=%d\n",x);
}
```

2. 交换两个变量的值

假设有两个变量，x=10、y=8，现在要求使得 x=8、y=10，该如何交换两个变量的值呢？这里需要使用第 3 个变量来临时保存数值，如图 2-8 所示，引入第 3 个变量 z，程序代码如例 2-15 所示。这是非常经典的交换算法。

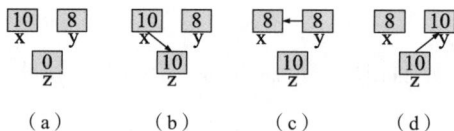

图2-8 交换两个变量的值的算法示意

例 2-15 交换两个变量的值

```c
#include <stdio.h>
void main()
{
    int x,y,z;
    x=10,y=8;
    printf("交换前 x=%d,y=%d\n",x,y);
    z=x;    //借助第 3 个变量交换两个变量的值
    x=y;
    y=z;
    printf("交换后 x=%d,y=%d\n",x,y);
}
```

运行结果如下。

交换前 x=10,y=8

```
交换后 x=8,y=10
```

单元小结

本单元重点介绍了变量与常量的应用，基本数据类型及其表示方法，算术运算符、赋值运算符、逗号运算符、位运算符、sizeof运算符以及它们的表达式，进制及进制转换，数据类型转换等知识点，通过例题展示了一些使用变量的经典算法，这些算法是学习更复杂算法的基础。通过本单元的学习，读者应能够了解C程序的基础知识，为后续学习做好准备。另外，在编程过程中一定要注意常量、变量等标识符的命名规范、编码规范，养成良好的编码习惯。

思考与训练

1. 讨论题

（1）C语言为什么规定对所有用到的变量都要"先定义，后使用"？

（2）定义变量时一定要赋初值吗？不赋初值的变量一定不能用吗？

（3）不同类型数据在进行运算时，结果类型应该如何确定？

（4）C语言中常量、变量的命名规范是什么？

2. 选择题

（1）以下正确的C语言标识符是（　　）。

　A. %X　　　　　　　B. a+b　　　　　　　C. a123　　　　　　D. test!

（2）已定义 int a,b;，则以下语句不正确的是（　　）。

　A. a*=5;　　　　　B. b/=2;　　　　　　C. a+=1.75;　　　　D. b%=a;

（3）若x、i、j和k都是整型变量，则下面的表达式执行后x的值为（　　）。

```
x=(i=4,j=16,k=32)
```

　A. 4　　　　　　　　B. 16　　　　　　　　C. 32　　　　　　　D. 52

（4）C语言中标识符只能由字母、数字和下画线3种字符组成，且第一个字符（　　）。

　　A. 必须为字母

　　B. 必须为下画线

　　C. 必须为字母或下画线

　　D. 可以是字母、数字、下画线中的任一字符

（5）下面（　　）是正确的字符型常量。

　A. "c"　　　　　　　B. '\\'　　　　　　　C. 'w'　　　　　　　D. "

（6）设x、y均为单精度实型变量，则以下赋值语句不合法的是（　　）。

　A. ++x;　　　　　　B. y=(x%2)/10;　　　C. x*=y+8;　　　　D. x=y=0;

（7）下列（　　）是不正确的转义字符。

　A. '\\'　　　　　　　B. '\"　　　　　　　C. '\19'　　　　　　D. '\0'

（8）下列不是C语言常量的是（　　）。

　A. e-2　　　　　　　B. 074　　　　　　　C. "a"　　　　　　　D. '\0'

（9）若定义了 int x;，则将x强制转化成双精度实型应该写成（　　）。

A. (double)x   B. x(double)   C. double(x)   D. (x)double

（10）在 C 语言中，要求参加运算的数必须是整数的运算符是（   ）。

A. /   B. *   C. %   D. =

（11）为了计算 s=10!（10 的阶乘），则变量 s 应定义为（   ）。

A. int   B. unsigned   C. long   D. 以上 3 种类型均可

3. 填空题

（1）字符型常量使用一对_____界定单个字符，而字符串常量使用一对_____界定若干个字符的序列。

（2）在 C 语言中，不同运算符之间运算次序存在_____的区别，同一运算符之间运算次序存在_____的规则。

（3）字符串"hello"的长度是_____。

（4）下列程序的运行结果是_____。

```
void main()
{
    int x=5;
    int y=10;
    printf("%d\n",x++);
    printf("%d\n", ++y);
}
```

4. 编程题

（1）请用 C 程序描述一个学生的年龄、身高、体重、性别，并输出到显示器上。

（2）假定银行定期存款的年利率为 2.25%，并已知存款期为 n 年，存款本金为 x 元，试编程计算 n 年后可得本利之和是多少？

第3单元

顺序结构程序设计

问题引入

在日常生活中，需要"按部就班、依次执行"处理和操作的问题随处可见，一年一度的迎新大会、年终总结大会等就是这样一种顺序结构。在顺序结构程序设计中，我们强调的是程序执行的逻辑性和顺序性，即按照预定的步骤一步一步地执行代码。

顺序结构是 C 程序中简单、基本、常用的一种结构，也是进行复杂程序设计的基础。因此，熟练掌握顺序结构程序设计很有必要。在顺序结构程序中，程序按照书写的先后顺序逐条逐句地执行。赋值操作和输入、输出操作是顺序结构中十分典型的操作。

本单元从 3 个典型任务入手，介绍 C 语言的各类语句，包括控制语句、表达式语句等；对格式化的输出函数 printf 和格式化的输入函数 scanf 等的一般格式进行说明，以加深大家对 C 语言程序开发设计过程的感性认识，强化编程思维，为进一步学习 C 语言程序设计，成为符合国家需要的合格的软件开发和设计人才打下基础。

知识目标

1. 了解算法和程序的基本概念
2. 掌握程序的基本结构
3. 了解语句的分类
4. 熟悉输入、输出函数的使用方法

技能目标

1. 能够灵活运用 C 语言中的语句
2. 能够运用输入、输出函数和赋值语句进行顺序结构程序设计

任务 1　菜单设计——算法与程序基本结构

● 工作任务

小明和小康到饭馆就餐，刚刚落座，看到餐厅正上方写有"文明用餐"4 个字，服务员拿来一本菜单，让两人点餐。小明和小康想到自己正在学习 C 语言，考虑能否用 C 语言中无格式的 printf 函数来制作菜单呢？

微课视频

算法与程序
基本结构

● 思路指导

在日常生活中，餐厅菜单是顾客选择菜品的重要参考。如果我们用 C 语言来编写一个餐厅菜单程序，不仅可以锻炼编程技能，还能通过这个过程理解如何更好地为用户（在这里是餐厅顾客）提供清晰、直观的信息。对于菜单的设计，需要考虑的最主要问题就是确定菜单显示在屏幕上的位置，并思考如何使菜单界面整齐，看起来自然美观、赏心悦目且使用方便。

● 相关知识

人和计算机打交道，必须解决沟通的问题，因为计算机不能理解和执行人们所使用的自然语言，而只能接受和执行二进制的指令，这些指令的有序集合就称为"程序"。换言之，一个程序是完成某一特定任务的一组指令序列，或者说，是实现某一算法的指令集合。

（一）如何描述算法

初学者常常会有这样的感觉：读别人编写的程序比较容易，自己编写程序解决问题时就难了，虽然学习了程序设计语言，可还是不知从何下手。这其中最主要的原因就是没有掌握程序设计的灵魂——算法。所以，我们一定要重视算法的设计，多了解、掌握和积累一些计算机常用的算法，养成编写程序前先设计算法的良好习惯。同时，在设计算法时应考虑到保护用户隐私，防止算法滥用。鼓励算法设计者积极参与开源社区、分享技术成果。

1. 算法的概念

尽管计算机可以完成许多极其复杂的工作，但实质上这些工作都是按照人们事先编写好的程序进行的，所以人们常把程序称为计算机的灵魂。著名的计算机科学家尼古拉斯·沃思（Niklaus Wirth）提出了一个著名的公式，具体如下。

程序 = 算法 + 数据结构

这个公式说明：对面向过程的程序设计语言而言，程序由算法和数据结构两大要素构成。其中，数据结构是指数据的组织和表示形式，C 语言的数据结构是以数据类型形式描述的；算法是进行操作的方法和步骤。这里我们重点讨论算法。

所谓算法，就是一个有穷规则的集合，其中的规则确定了一个解决某个特定类型问题的运算序列。简单地说，算法就是为解决一个具体问题而采取的确定的、有限的、有序的操作步骤。这里所说的算法仅指计算机算法，即计算机能够执行的算法。

算法有两大要素：操作和控制结构。每一个算法都是由一系列的操作组成的，同一操作序列按不同的顺序执行，会得出不同的结果，执行的效果也会有所不同。控制结构即控制组成算法的

42

C语言程序设计任务驱动式教程（第4版）（微课版）

各操作的执行顺序。

编写程序的关键是合理地组织数据和设计算法。解决一个问题可以有多种算法，因此，要想编写出高质量的程序，除了要熟练掌握程序设计语言和必要的程序设计方法，还要多了解、多积累并逐渐学会自己设计一些好的算法。设计好一个算法后，怎样衡量它的正确性呢？可以用以下特征来衡量。

① 有穷性。算法包含的操作步骤是有限的，每一个步骤都应在有限的时间内完成。

② 确定性。算法的每个步骤都应该是确定的，不允许有歧义。

③ 有效性。算法的每个步骤都应该是能有效执行的，且能得到确定的结果。例如，对一个负数取对数，就是一个无效的步骤。

④ 有零个或多个输入。有些算法无须从外界输入数据，而有些算法需要从外界输入数据。

⑤ 有一个或多个输出。算法的实现以得到计算结果为目的，没有任何输出的算法是没有意义的。

2. 如何描述算法

在了解了算法的概念后，如何描述算法呢？进行算法设计时，可以使用不同的算法描述方法，常用的有自然语言描述、流程图描述、N-S 图描述、伪代码描述等，流程图描述和 N-S 图描述的介绍如下。

（1）流程图描述

流程图是一种流传很广的算法描述方法。这种方法的特点是用一些图框表示各种类型的操作，用带箭头的线表示这些操作的执行顺序。常用的流程图符号如图 3-1 所示。

两数中取大数的流程图如图 3-2 所示。

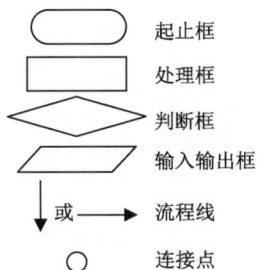

图3-1　常用的流程图符号

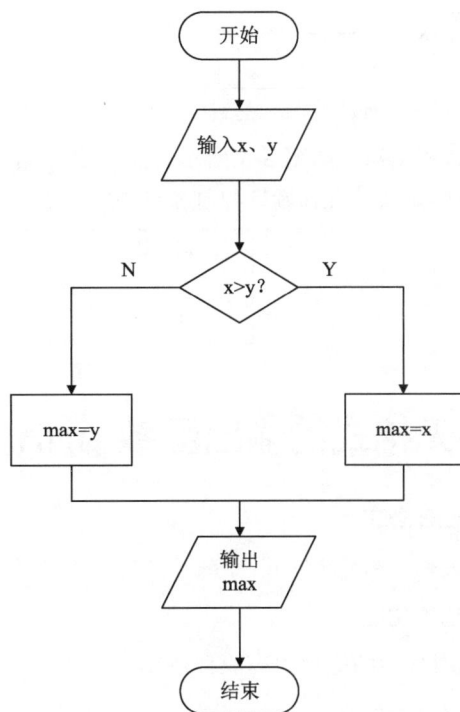

图3-2　两数中取大数的流程图

从图 3-2 中可以看出，用流程图描述算法的优点是形象、直观，各种操作一目了然，不会产生歧义，便于理解，算法出错时容易发现，并可直观转化为程序；缺点是占篇幅较大，由于流程图过于灵活，用户可以使用流程图任意转向，从而造成程序阅读和修改上的困难，不利于结构化程序的设计。

（2）N-S 图描述

1966 年，鲍伯拉（Bobra）和贾克皮尼（Jacopini）提出了 3 种基本结构，即顺序结构、选择结构、循环结构。这 3 种基本结构有以下特点。

① 只有一个入口。

② 只有一个出口。

③ 结构内的每个部分都有可能被执行到。

④ 结构内没有死循环。

已经证明，由这 3 种基本结构组成的算法可以解决任何复杂的问题。由于传统的流程图画法太随意，对流程线的指向没有限制，因此当算法比较复杂的时候，流程图就会变得难以阅读和理解。为此，1973 年美国学者纳西（Nassi）和施奈德曼（Shneiderman）提出了一种新的流程图形式。在这种流程图中完全去除了流程线，所有算法写在一个矩形框内，在框内还可以包含其他的框。这种流程图叫作 N-S 图（以二人姓氏的首字母组成）。

N-S 图由上述的 3 种基本结构组成。

① 顺序结构，如图 3-3 所示。

② 选择结构，如图 3-4 所示，表示当条件 P 成立时执行 A 操作，不成立时执行 B 操作。

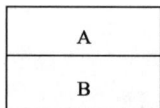

图3-3　顺序结构　　　　　　　　图3-4　选择结构

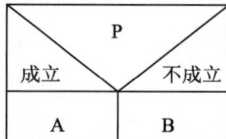

③ 循环结构，如图 3-5 所示，左边表示当循环控制条件 P1 成立时执行循环体 B，右边表示先执行循环体 A，直到循环控制条件 P2 不成立为止。

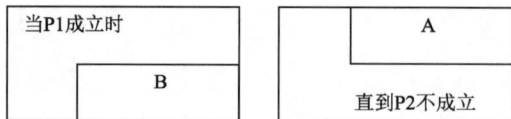

图3-5　循环结构

（二）无格式的输出函数 printf

1. 语法格式

```
printf(" 输出字符串 ");
```

2. 基本功能

将双引号中的输出内容原样输出。

● 任务实施

```
#include <stdio.h>
```

```
void main()
{
printf("欢迎光临四川酒家\n    ");
printf("   油焖大虾      48元/份\n ");
printf("   干煸豆角      20元/份\n ");
printf("   水煮鱼        38元/份\n ");
printf("   麻婆豆腐      15元/份\n ");
}
```

运行结果如图 3-6 所示。

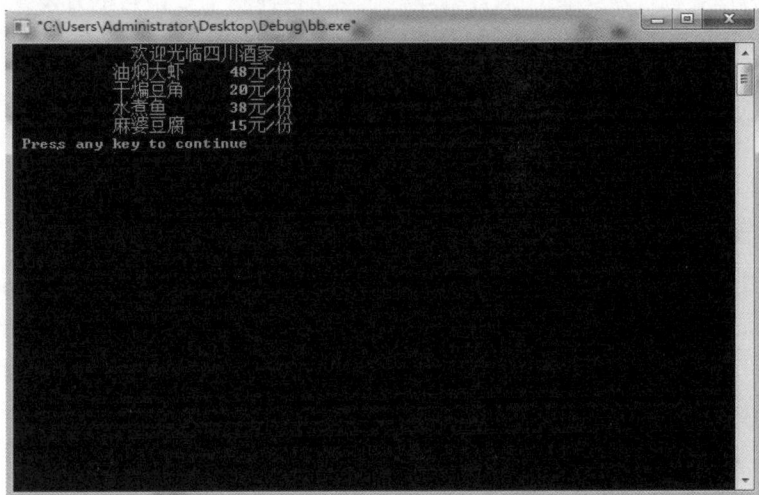

图3-6　任务1的运行结果

（三）你了解程序设计语言吗？

计算机诞生至今，计算机技术飞速发展，程序设计语言也在不断地升级换代，主要经历了面向机器（机器语言和汇编语言）、面向过程（高级语言）和面向对象（高级语言）几个阶段。程序设计语言又可以分为低级语言和高级语言。

低级语言又称面向机器的语言，它是特定的计算机系统固有的语言，又可以分为机器语言和汇编语言。

机器语言是计算机能够直接识别和执行的指令集合。由于计算机只能识别 0 和 1 两种状态，因此机器语言都是二进制指令。很明显，这种由 0 和 1 组成的指令难学、难记、难阅读、难修改，给用户带来很大的不便，而且机器语言因机而异，可移植性很差。但其优点是执行速度快。

汇编语言是一种符号语言，它用一些助记符号来代替那些冗长的二进制指令。例如，用 ADD 代替加法对应的二进制指令、SUB 代替减法对应的二进制指令等。显然，这种表示形式要比机器语言容易理解和使用。但是计算机并不能直接识别和执行符号语言程序，必须把它们翻译成机器指令，然后交由计算机执行。这个翻译过程叫作"汇编"，是由一种专门的汇编程序来实现的，因此这种符号语言又称为汇编语言。虽然用汇编语言编写程序使编程的效率和程序的可读性提高了，但是汇编语言始终是一种和机器语言非常接近的语言，它的书写格式在很大程度上取决于特定计算机上的机器指令。因此，它仍然是一种低级语言，使用起来还是十分不便。

为了方便程序员开发，高级语言发展起来了。20 世纪 50 年代出现了 FORTRAN 语言，20 世纪 60 年代出现了 COBOL、ALGOL 60、BASIC 等语言，后来又出现了 Pascal、C、C++、Java、Python 等。这些语言的特点是，用一种接近自然语言和数学语言的专用语言来表示算法，而且与具体的计算机无关，即用它所写的程序可以在任意计算机上运行。高级语言的出现大大提高了程序设计的效率，使人们能更方便地使用计算机。

然而，今天的计算机仍然只能理解和执行机器语言。高级语言的引入意味着，必须有一个程序来使计算机能理解用某一种高级语言编写的程序，担负这个任务的程序称为编译程序。在一台计算机上运行一种高级语言的前提是，该计算机系统配置了该语言的编译程序。以 C 语言为例，要运行 C 语言源程序，就必须安装 C 语言编译程序。而各种基于 C 语言的开发工具，如 Turbo C、Borland C、Visual C++等，都内嵌了 C 语言编译程序。

（四）程序设计方法简介

设计一个程序一般要经过以下几个步骤。

1. 建立数学模型

建立数学模型是程序设计中非常重要的一步，好的数学模型本身就是一个定律，它要通过大量的观察、分析、推理、验证等才可以得到。但这是数学范畴的工作，计算机工作人员一般不用去完成这部分的研究工作，但也应该对其基本知识有一定的了解。在进行程序设计时，往往都是利用已有的基本数学模型去构造出解决问题的模型。各种数学分支，如微积分、运筹学、图论等都可用于建立基本数学模型。

2. 设计算法，并用适当的工具描述

算法是解决问题的方法与步骤，经常采用的算法类型主要有迭代法、穷举搜索法、递推法等。另外，解决一个问题往往有多种算法，算法的好坏直接影响到程序的质量。

3. 编写程序

编写程序就是将设计的算法从非计算机语言的描述形式转换为计算机语言的语句形式。这个过程和特定的高级语言有关，同一个算法可以用不同的高级语言来实现。因此，在编程前要选择合适的语言。每种语言都有自己的特点，为一个特定的项目选择语言时通常可以考虑以下因素。

① 项目需求与特性：需要考虑项目的具体需求，包括项目的规模、复杂度、性能要求以及是否需要进行跨平台开发等。例如，对于需要处理大量数据或进行复杂计算的项目，可能需要选择性能卓越的编程语言，如 C++或 Java。对于需要快速开发原型或脚本的项目，Python 或 JavaScript 可能是更好的选择。

② 语言特性与优势：不同的编程语言具有不同的特性和优势。例如，C 语言在系统编程、嵌入式开发、算法设计等领域应用广泛；C++在底层系统编程和高级应用开发方面表现出色；Java 则以其跨平台性和面向对象特性受到青睐；Python 因其简洁易读和丰富的库资源在数据科学、机器学习等领域大受欢迎；而 JavaScript 则是前端开发不可或缺的语言。

③ 社区支持与资源：考虑所选语言的社区活跃度和支持程度。一个活跃的社区意味着当遇到问题时，可以更容易地找到解决方案和获取帮助。同时，丰富的学习资源和教程也可以帮助开发人员更快地掌握语言。

④ 集成与兼容性：如果项目需要与其他编程语言或库进行集成，那么选择一种具有较好兼容性和集成能力的语言将更为合适。

⑤ 开发技能与经验：需要考虑开发团队对所选语言的熟悉程度。选择团队已经掌握或易于学习的语言，可以提高开发效率和质量。

选择了语言以后，还要灵活运用该语言的特性来解决问题。在程序设计中要特别注意以下3点。

① 语法：每种语言都有自己的语法规则，这些语法规则是非常严格的。在进行编译时系统会按语法规则严格检查程序，如有不符合语法规则的地方，计算机会显示语法有错误。

② 语义：某一语法成分的含义。例如，在 C 语言中用"int"定义整型变量、用"char"定义字符型变量等。在使用时必须正确了解每一种语法成分的含义。

③ 语用：正确使用语言。要善于利用语法规则中的有关规定和语法成分的含义，有效地组成程序以达到特定的目的。

4．测试

编程完成后，首先应该静态检查程序，即由人工"代替"或"模拟"计算机，对程序进行仔细检查，然后将高级语言源程序输入计算机，经过编译、连接，然后运行。在编译、连接及运行时如果在某一步发现错误，就必须找到具体错误并改正，然后再重新编译、连接、运行，直到得到正确结果为止。

程序测试的目的是尽可能多地发现程序中的错误和缺陷。要进行测试，除了要有测试数据，还应同时给出该组测试数据应该得到的预期输出结果。在测试时，将实际的输出结果与预期的输出结果比较，若不同则表示发现了错误。对非法的和非预期的输入数据也要像合法的和预期的输入数据一样进行测试。另外，还要检查程序是否做了不应该做的事情。

（五）结构化程序设计

一般来说，从实际问题抽象出数学模型是有关领域专业工作人员的任务。程序设计人员的工作，最关键的是设计算法。如果算法正确，将它转换为任何一种高级语言程序并不困难，程序设计人员水平的高低很大程度上在于他们能否设计出高质量的算法。程序质量主要由算法决定。早期的程序以追求效率为主要目标，往往不注重程序的可读性，程序设计无章可循。有时为了追求效率方面的微小改进，把程序改得晦涩难懂，增加了程序设计、调试和维护过程中的困难，程序的可靠性差。现代科学技术的发展，要求软件的生产方式从"个体方式"中解放出来，按照"工程"的方式来组织软件的生产。也就是说，按照一定的规范、一定的步骤来进行程序设计，而不允许程序设计人员随便地编写程序。

我们通过 3 种基本结构的组合和嵌套就能实现任何单入口、单出口的程序——这就是结构化程序设计的基本原理。使用结构化程序设计技术不仅能显著提高软件的生产效率，而且可以保证获得结构清晰，易于测试、修改和验证的高质量程序。

要设计出结构化的程序，应该采用以下方法。

① 自顶向下。

② 逐步细化。

③ 模块化。

所谓"自顶向下、逐步细化"，是指一种先整体、后局部的设计方法。对一个较复杂的问题，一般不能立即写出详细的算法或程序，但可以很容易地写出一级算法，即求解问题的轮廓，然后对这个算法逐步细化，把它的某些步骤扩展得更详细。在这个细化过程中，一方面加入详细算法，另一方面明确数据，直到根据这个算法可以写出程序为止。

（六）面向对象的程序设计

面向对象的程序设计以及数据抽象在现代程序设计思想中占有很重要的地位。未来的编程语言将会更易于表达现实世界、更易为人使用。

面向对象的程序设计有以下特点。

简单性：提供最基本的方法来完成指定的任务，用户只需理解一些基本的概念，就可以编写出适用于各种情况的应用程序。

面向对象：提供简单的类机制以及动态的接口模型。在对象中封装状态变量以及相应的方法，实现了模块化和信息隐藏；提供了一类对象的原型，并且通过继承机制，子类可以使用父类所提供的方法，实现了代码的复用。

安全性：在网络、分布环境下有安全机制保证。

平台无关性：与平台无关的特性使程序可以方便地被移植到网络的不同机器、不同平台上。

（七）了解 C 语言的语句类型

前文已经提到过顺序结构、选择结构、循环结构，这 3 种基本结构可以组成各种复杂程序。C语言提供了多种语句来实现这些结构。以下介绍 C 语言程序设计的基本方法和基本的程序语句，使读者对 C 语句有一个初步的认识，为后面的学习打下基础。

1. C 语言中的语句分类

语句是 C 语言源程序的重要组成部分，C 程序的执行部分是由语句组成的。程序的功能也是由执行语句实现的。C 语句可分为以下 5 类：表达式语句、函数调用语句、控制语句、复合语句、空语句。下面分别进行简要介绍。

（1）表达式语句

表达式语句由表达式加上分号组成。其一般形式如下。

```
表达式 ；
```

执行表达式语句就是计算表达式的值。事实上，C 语言中有使用价值的表达式语句主要有 3种：赋值语句、自增（减）运算符构成的表达式语句、逗号表达式语句。

示例如下。

```
x=y+z;        /* 赋值语句 */
i++;          /* 自增1表达式语句，i值增1*/
i--;          /* 自减1表达式语句，i值减1*/
y+z,a+b;      /* 逗号表达式语句，但计算结果不能保留，无实际意义 */
```

（2）函数调用语句

由函数名、实际参数表加上分号组成。其一般形式如下。

```
函数名 （ 实际参数表 ）；
```

执行函数调用语句就是调用函数体并把实际参数传递给函数定义中的形式参数，然后执行被调函数体中的语句，求取函数值（第 7 单元"函数"将详细介绍）。

示例如下。

```
printf("C Program");      /* 调用库函数，输出字符串 */
```

（3）控制语句

控制语句用于控制程序的执行流程，以实现程序的各种结构。它们由特定的语句定义符组成。C 语言有 9 种控制语句，可分成 3 类：条件判断语句、循环执行语句、转向语句。

（4）复合语句

把多个语句用花括号（{}）包含组成的一组语句称为复合语句。在程序中应把复合语句看成单条语句，而不是多条语句，示例如下。

```
{
x=y+z;
a=b+c;
printf("%d%d",x,a);
}
```

这是一条复合语句。复合语句内的各条语句都必须以分号结尾，"}"之后不能加分号。

（5）空语句

只有分号组成的语句称为空语句。空语句是什么也不执行的语句。在程序中空语句可用来做空循环体，示例如下。

```
while(getchar()!='\n');
```

本语句的功能是，只要从键盘输入的字符不是回车符就重新输入。这里的循环体为空语句。

2. 最简单的 C 语言语句——赋值语句

赋值语句是由赋值表达式加上分号构成的表达式语句。其一般形式如下。

```
变量 = 表达式 ;
```

赋值语句的功能和特点与赋值表达式相同，它是程序中使用最多的语句之一。

● **特别提示**

① 首先要用合适的描述工具描述解决问题的步骤，而后再编写程序。

② 编写程序时，不仅要保证程序执行的正确性，而且要保证程序的编写质量。

③ 注意在变量说明中给变量赋初值和赋值语句的区别。给变量赋初值是变量说明的一部分，赋初值后的变量与其后的其他同类变量之间仍必须用逗号分隔，而赋值语句则必须用分号结尾。

④ 在变量说明中，不允许连续给多个变量赋初值。例如，下述形式是错误的。

```
int a=b=c=5 ;
```

必须写为以下形式。

```
int a=5,b=5,c=5;
```

而赋值语句允许连续赋值。

⑤ 赋值表达式和赋值语句的区别。赋值表达式是一种表达式，它可以出现在任何允许表达式出现的地方，而赋值语句则不能。例如，下述语句是合法的。

```
if((x=y+5)>0) z=x;/ * 语句的功能是，若表达式 x=y+5 大于 0，则 z=x*/
```

下述语句是非法的。

```
if((x=y+5;)>0) z=x;/ * 因为 x=y+5; 是语句，所以不能出现在表达式中 */
```

任务 2　小写字母转换为大写字母——字符输入、输出函数

● 工作任务

微课视频

字符输入、
输出函数

养成良好的学习习惯要从娃娃抓起，晓伟和明宽两个小朋友刚刚学习了英文中的 26 个字母。为了加强练习，晓伟写出小写字母，明宽写出与之对应的大写字母。请编写一个 C 程序，模拟上述过程。

● 思路指导

输入：将输入的小写字母存储到变量 ch 中。

处理：大写字母和小写字母的 ASCII 值相差 32，例如，大写字母 A 的 ASCII 值为 65，而小写字母 a 的 ASCII 值为 97。因此，小写字母的 ASCII 值减 32 变为大写字母。

输出：输出 ch-32 对应的字符。

● 相关知识

（一）数据的输入和输出

输入和输出是针对计算机而言的。从计算机向外部输出设备（如显示器、打印机、磁盘等）输出数据称为"输出"，从输入设备（如键盘、磁盘、光盘、扫描仪等）向计算机输入数据称为"输入"。在 C 语言中，所有数据的输入和输出都是由库函数完成的，因此要用函数调用语句。

（二）字符输出函数 putchar

putchar 函数是字符输出函数，其功能是在显示器上输出单个字符，一般形式如下。

```
putchar( 字符变量 );
```
示例如下。

```
putchar('A');     //输出大写字母 A
putchar(x);       //输出字符变量 x的值
putchar('\n');    //换行。对控制字符则执行控制功能，不在显示器上显示
```
使用 putchar 函数前必须要添加编译预处理语句#include<stdio.h>。

例 3-1　输出字符型数据——putchar 函数的应用。

```
#include <stdio.h>
void main()
{
  char a='B',b='o',c='k';
  putchar(a);putchar(b);putchar(b);putchar(c);putchar('\t');
```

```
    putchar(a);putchar(b);
    putchar('\n');
    putchar(b);putchar(c);
}
```

（三）字符输入函数 getchar

getchar 函数的功能是从键盘上输入一个字符，其一般形式如下。

```
getchar();
```

通常把输入的字符赋给一个字符变量，构成赋值语句。

例 3-2 输入一个字符——getchar 函数的应用。

```
#include<stdio.h>
void main()
{
    char c;
    printf("input a character\n");
    c=getchar();
    putchar(c);
}
```

● **任务实施**

```
#include <stdio.h>
void main()
{
    char a;
    printf("请输入一个小写字母: ");
    a=getchar();//通过键盘输入一个小写字母
    printf("该字母对应的大写字母是: %c \n", a-32);
}
```

运行结果如图 3-7 所示。

图3-7 任务2的运行结果

● **特别提示**

① getchar 函数只能接收单个字符,输入的数字也按字符处理。输入多个(一个以上)字符时,只接收第一个字符。

② 使用 getchar 函数前必须添加文件包含语句#include<stdio.h>。

任务 3 输出学生个人信息——格式化输入、输出函数

● **工作任务**

为了方便管理学生,班主任王老师安排学习委员张雪输出一张学生个人信息表,表的格式如下。

姓名	性别	年龄	数学	英语	C 语言
张雪	女	19	87	98	70
……					
……					

微课视频

格式化输入、输出函数

● **思路指导**

输入:对于数据的输入用输入函数 scanf("格式控制字符串",地址表列)实现,年龄存储到变量 age 中,数学成绩存储到变量 math 中,英语成绩存储到变量 english 中,C 语言成绩存储到变量 c 中。

输出:表头的输出用无格式的输出函数 printf("字符串")。对具体内容的输出用格式化的输出函数 printf("格式控制字符串",输出项表列)。

● **相关知识**

格式化的输入、输出指的是按照指定的格式对数据进行输入、输出操作。数据的输出用库函数 printf,数据的输入用库函数 scanf。使用这两个函数时,程序设计人员需要指定输入、输出数据的格式。

(一)格式化的输出函数 printf

1. printf 函数的一般形式

printf 函数是一个标准库函数,它的函数原型在头文件 stdio.h 中。但作为一个特例,不要求在使用 printf 函数之前必须添加文件包含语句#include<stdio.h>。printf 函数的一般形式如下。

```
printf(" 格式控制字符串 ",输出项表列 );
```

2. 函数功能

按照格式控制字符串所指定的格式,将输出项表列中各输出项输出到标准输出设备。

3. 有关说明

① 格式控制字符串(见表 3-1)的一般形式如下。

```
%[标志][宽度][精度][长度] 转换说明符
```

其中，有方括号（[]）的项为任选项。各项的含义如下。

标志：用于改变数值的输出形式。例如，–表示左对齐输出；+表示输出符号（正号或负号）；''（空格）表示如果数值为正，则在其前面加上一个空格；#表示以特定格式输出（此处不详述）；0表示用0而不是空格来填充空白处。

宽度：指定输出的最小宽度。如果输出的字符串短于这个宽度，那么输出结果将根据标志进行填充（默认是空格填充）。

精度：对于实数，它指定了小数点后的位数；对于整数，它指定输出的数字位数（必要时可添加填充位0以达到宽度要求）；对于字符串，它限制了要输出的最大字符数。

长度：指定参数的大小。例如，h表示短整型，l表示长整型，L表示长双精度实型等。

转换说明符：指定了输出数据的类型。如%d或%i表示整型，%f表示实型，%s表示字符串等。另外，格式控制字符串也可以包括"转义字符"，用于输出所代表的控制代码或特殊字符。格式控制字符串还可以包括"普通字符"，用于输出要求原样输出的字符，一般情况下在显示中起提示作用。

表3-1　printf函数中常用格式控制字符串及含义

格式控制字符串	含义
%d	输出十进制整数
%o	输出八进制整数
%x 或%X	输出十六进制整数
%u	输出无符号十进制整数
%f 或%e	输出实型数（用小数形式或指数形式）
%c	输出单个字符
%s	输出字符串
%e 或%E	以指数形式输出实数
%%	输出字符%

② 输出项表列。输出项表列中给出了各个输出项，可以是变量或表达式，输出项之间用逗号分隔。要求格式控制字符串和各输出项在数量和类型上一一对应，如例3-3所示。

例3-3　格式控制字符串的使用。

```
#include <stdio.h>
void main()
  {
      int a=88,b=89;
      printf("%d %d\n",a,b);
      printf("%d,%d\n",a,b);
      printf("%c,%c\n",a,b);
      printf("a=%d,b=%d",a,b);
  }
```

本例中4次输出了a、b的值，但由于格式控制字符串不同，输出的结果也不相同。第1条输出语句中，两格式控制字符串%d之间加了一个空格（非格式字符），所以输出的a、b值之间有一个空格。第2条输出语句的格式控制字符串中加入的是逗号（非格式字符），因此输出的a、b值之间加了一个逗号。第3条输出语句的格式控制字符串要求按字符型数据输出a、b值（输出a、b对应的字符）。第4条输出语句为了提示输出结果又增加了非格式控制字符串，具体用法见本单元拓展与提高部分。

（二）格式化的输入函数 scanf

scanf函数称为格式化的输入函数，即按用户指定的格式从键盘上把数据输入指定的变量之中。

1. scanf 函数的一般形式

scanf 函数是一个标准库函数，它的函数原型在头文件 stdio.h 中，与 printf 函数相同，C 语言也允许在使用 scanf 函数之前不必添加文件包含语句#include<stdio.h>。scanf 函数的一般形式如下。

```
scanf(" 格式控制字符串 ", 地址表列 );
```

其中，格式控制字符串的作用与 printf 函数相同，但不能显示非格式控制字符串，也就是不能显示提示字符串。地址表列中给出了各变量的地址。地址是由地址运算符 "&" 和变量名组成的。例如，&a、&b 分别表示变量 a 和变量 b 的地址。这个地址就是编译系统在内存中给变量 a 和变量 b 分配的地址。在 C 语言中，使用了地址这个概念，这是与其他语言不同的。

应该对变量的值和变量的地址这两个不同的概念有所区分。变量的地址是编译系统分配的，用户不必关心具体的地址是多少。变量的地址和变量的值的关系：在程序中有赋值语句 a=67，则 a 为变量名，67 是变量的值，&a 是变量 a 的地址。

① 格式控制字符串。格式控制字符串的一般形式如下。

```
%[*][ 输入数据宽度 ][ 长度 ] 类型
```

其中，有方括号（[]）的项为任选项。各项的意义如下。

"*"。用以表示该输入项读入后不赋予相应的变量，即跳过该输入项。如 scanf("%d %*d%d",&a,&b);，当输入为 1、2、3 时，把 1 赋予变量 a，2 被跳过，把 3 赋予变量 b。

输入数据宽度。用十进制整数指定输入数据的宽度（字符数）。例如 scanf("%5d",&a);，当输入 12345678 时，只把 12345 赋予变量 a，其余部分被截去。又如 scanf("%4d%4d",&a,&b);，当输入 12345678 时，将把 1234 赋予变量 a，而把 5678 赋予变量 b。

长度。长度格式字符为 l 和 h，l 表示输入长整型数据（如%ld）和双精度实型数据（如%lf），h 表示输入短整型数据。

类型。表示输入数据的类型，相应格式控制字符串及含义如表 3-2 所示。

② 地址表列。scanf 函数中的 "地址表列" 实际上是指 scanf 函数调用跟随格式控制字符串的参数列表。这些参数是变量的地址，scanf 会根据格式控制字符串中指定的格式将输入的数据存储到这些地址对应的变量中。

表3-2 scanf函数中格式控制字符串及含义

格式控制字符串	含义
%d	输入十进制整数
%o	输入八进制整数
%x	输入十六进制整数
%u	输入无符号十进制整数
%f 或 %e	输入实型数（用小数形式或指数形式）
%c	输入单个字符
%s	输入字符串

C语言程序设计任务驱动式教程（第4版）（微课版）

2. 函数功能

scanf 函数用于从标准输入设备（如键盘）读取并格式化数据，该函数能够按照指定的格式控制字符串来解析输入项，并将这些数据存储到程序中的变量里。

3. 有关说明

注意在赋值表达式中给变量赋值时，赋值运算符左边是变量名，不能写地址，而 scanf 函数在本质上也是给变量赋值，但要求写变量的地址，如&a。这两者在形式上是不同的。&是一个取地址运算符，&a 是一个表达式，其功能是求变量的地址。参见例 3-4，注意其中&的用法。

例 3-4　scanf 函数的格式示例。

```
#include <stdio.h>
void main()
{
    int a,b,c;
    printf("input a,b,c\n");
    scanf("%d%d%d",&a,&b,&c);
    printf("a=%d,b=%d,c=%d",a,b,c);
}
```

在本例中，由于 scanf 函数本身不能显示提示字符串，故先用 printf 函数在屏幕上输出提示字符串，请用户输入 a、b、c 的值。执行 scanf 函数时，等待用户输入。用户输入 7、8、9 后按 Enter键，则程序把 7、8、9 分别赋给变量 a、b、c。在 scanf 函数的格式控制字符串中由于没有非格式字符在 "%d%d%d" 之间作输入时的分隔符，因此在输入时要用一个以上的空格或回车作为每个输入数之间的分隔符。

示例如下。

```
7 8 9
```

或

```
7
8
9
```

● **任务实施**

```
#include <stdio.h>
void main()
{
int age;
int math,english,c;
printf("请输入学生基本信息：");
scanf("%d",&age);
scanf("%d%d%d",&math,&english,&c);
printf("姓名\t 性别\t 年龄\t 数学\t 英语\tC 语言\n");
printf("张雪\t 女\t");
printf("%d\t",age);
```

```
printf("%d\t%d\t%d\n",math,english,c);
}
```

运行结果如图3-8所示。

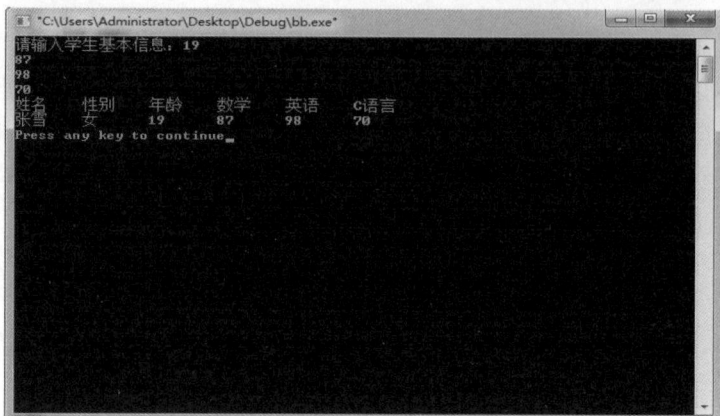

图3-8　任务3的运行结果

拓展与提高

1. printf 函数中格式字符的具体用法

（1）%d

%d 用于指定输出十进制整数，对应的输出项内容可以是整数，也可以是字符。当输出项内容为字符时，输出的将是该字符的 ASCII 值。常用的形式有 "%d"、"%md"、"%ld" 或 "%mld"。

例 3-5　分析以下程序。

```
#include <stdio.h>
void main()
{
int a=101;
long b=202;
char c="a";
printf("%d\n",a);
printf("%4d\n",a);
printf("%2d\n",a);
printf("%ld\n",b);
printf("%6ld\n",b);
printf("%d\n",c);
}
```

（2）%o

%o 用于指定输出八进制整数，且该整数不带符号，即输出的是一个无符号整数，不会是负数。常用的形式有 "%o"、"%mo"、"%lo" 或 "%mlo"。

例 3-6 分析以下程序。

```
#include <stdio.h>
void main()
{
int a=-1;
long b=11111;
printf("%d\n",a);
printf("%o\n",a);
printf("%4o\n",a);
printf("%ld\n",b);
printf("%lo\n",b);
printf("%6lo\n",b);
}
```

（3）%x

%x 用于指定输出十六进制整数，且该整数不带符号。常用的形式有"%x"、"%mx"、"%lx"或"%mlx"。

例 3-7 分析以下程序。

```
#include <stdio.h>
void main()
{
int a=-1;
long b=11111;
printf("%d\n",a);
printf("%x\n",a);
printf("%6x\n",a);
printf("%ld\n",b);
printf("%lx\n",b);
printf("%6lx\n",b);
}
```

（4）%u

%u 用于指定以十进制形式输出整数，且该整数不带符号，即输出 unsigned 型数据。unsigned 型数据也可以用"%d""%o""%u"形式输出。常用的形式有"%u"和"%mu"。

例 3-8 分析以下程序。

```
#include <stdio.h>
void main()
{
int unsigned a=65535;
int b=-2;
printf("%d\n",a);
printf("%u\n",a);
printf("%6u\n",a);
```

```
printf("%d\n",b);
printf("%u\n",b);
printf("6u\n",b);
}
```

（5）%c

%c 用于输出单个字符，对应输出项的内容可以是字符，也可以是范围为 0～255 的整数（ASCII 值）。当输出项内容是整数时，输出的将是该整数作为 ASCII 值对应的字符。常用的形式有 "%c" 和 "%mc"。

例 3-9　分析以下程序。

```
#include <stdio.h>
void main()
{
int a=65;
char b='a';
printf("%d\n",a);
printf("%c\n",a);
printf("%d\n",b);
printf("%c\n",b);
printf("%4c\n",b);
}
```

（6）%s

%s 用于输出一个字符串，常用的形式有 "%s" "%ms" "%-ms" "%m.ns" "%-m.ns"。m 表示输出的字符串占 *m* 位，若字符串长度大于 *m*，则按实际长度输出；若字符串长度小于 *m*，则不足位补空格。n 表示只取字符串左端 *n* 个字符，当 m<n 时，m 自动取 n 值，以保证 *n* 个字符的正确输出。

例 3-10　分析以下程序。

```
#include <stdio.h>
void main()
{
printf("%s\n", "Welcome");
printf("%4s\n", "Welcome");
printf("%8s\n", "Welcome");
printf("%-8s\n", "Welcome");
printf("%5.3s\n", "Welcome");
printf("%-5.3s\n", "Welcome");
printf("%.4s\n", "Welcome");
printf("%2.5s\n", "Welcome");
}
```

（7）%f

%f 用于以小数形式输出实数（包括单精度实数和双精度实数），常用的形式有 "%f"、"%m.nf"

和 "%-m.nf"。m.n 表示输出的数据共占 m 位（包括小数点所占的位数），小数点部分为 n 位，若数值长度小于 m，则不足位补空格。

以 "%f" 格式输出的数据若不指定宽度 m 和小数位数 n，则整数部分全部输出，小数部分输出 6 位。

值得注意的是，以 "%f" 格式输出的数据并非都是有效数字。一般来说，16 位计算机中，单精度实数的有效数字为 7 位，双精度实数的有效数字为 16 位（根据机器字长的不同而不同）。

例 3-11 在 16 位计算机中分析以下程序。

```c
#include <stdio.h>
void main()
{
float f,g,a,b;
double d,e,x,y;
f=111.111;
g=222.222;
a=1111.1111;
b=2222.2222;
d=1234567891.1111;
e=2222222222.2222;
x=123456789123.111111;
y=222222222222.222222;
printf("%f\n",f);
printf("%f\n",f+g);
printf("%8.3f\n",f);
printf("%08.3f\n",f);
printf("%-8.3f\n",f);
printf("%0.2f\n",f);
printf("%2.5f\n",f);
printf("%f\n",a);
printf("%f\n",b);
printf("%f\n",a+b);
printf("%8.4f\n",a);
printf("%lf\n",d);
printf("%lf\n",d+e);
printf("%lf\n",x);
printf("%lf\n",y);
printf("%lf\n",x+y);
}
```

通过分析可知，输出的单精度数据只有 7 位有效数字，超出 7 位有效数字的数据不准确。避免数据不准确的办法就是采用 "%m.nf" 格式输出。同样，输出的双精度数据只有 16 位有效数字，超过 16 位的数据也不准确。所以，用 "%f" 格式输出时，如果数据位数超过规定的数据位数，则输出的最后几位有可能不准确。

（8）%e

%e 用于以指数形式输出实数（包括单精度实数和双精度实数），常用的形式为"%e"、"%m.ne"和"%-m. ne"。m.n 表示输出的数据共占 m 位，数字部分的小数（又称尾数）位数为 n 位。

若不指定宽度 m 和小数位数 n，则规定给出 6 位小数，指数部分占 5 位（如 e+003），其中指数占 3 位（注：不同系统的规定略有不同）。数值按标准化指数形式输出（小数点前必须有且只有一位非 0 数字）。

（9）%g

"%g"格式用得较少，用于输出实数。输出时根据数值的大小自动选择"%f"格式或"%e"格式（选择输出时数据宽度较小的一种），且不输出无意义的 0。

2. 其他说明

① 除了%x、%e、%g，其他格式字符必须用小写字母，即%x、%e、%g 可以写为%X、%E、%G。

② 可以在格式控制字符串内使用转义字符，如 "\n" "\t" "\b" "\377" 等。

3. scanf 函数的使用说明

① scanf 函数中没有精度控制，如 scanf("%5.2f",&a);是非法的。不能试图用此语句输入小数位数为 2 位的实数。

② scanf 函数中要求给出变量地址，若给出变量名则会出错。如 scanf("%d",a);是非法的，应改为 scanf("%d",&a);。

③ 在输入多个数值数据时，若格式控制字符串中没有非格式字符作为输入数据之间的分隔符，则可用空格、制表符或回车作为分隔符，编译系统在碰到空格、制表符、回车或非法数据（如对 "%d"输入 "12A"时，A 即为非法数据）时即认为该数据结束。

④ 在输入字符数据时，若格式控制字符串中无非格式字符，则认为所有输入的字符均为有效字符，示例如下。

```
scanf("%c%c%c",&a,&b,&c);
```

输入的字符如下。

```
d e f
```

上述代码把'd'赋予 a，' '赋予 b，'e'赋予 c。只有当输入为 def 时，才能把'd'赋予 a，'e'赋予 b，'f'赋予 c。如果在格式控制字符串中加入空格作为分隔符，如 scanf("%c %c %c",&a,&b,&c);，则输入时各数据之间也要加空格。参见例 3-12 和例 3-13。

例 3-12 分析下列程序的运行结果。

```c
#include <stdio.h>
void main()
{
    char a,b;
    printf("input character a,b\n");
    scanf("%c%c",&a,&b);
    printf("%c%c\n",a,b);
}
```

C语言程序设计任务驱动式教程（第4版）（微课版）

由于 scanf 函数的"%c%c"中没有空格，输入"M N"，结果输出只有 M。而当输入"MN"时，则可输出 M 和 N 两个字符。

例 3-13 scanf 函数的输入格式。

```c
#include <stdio.h>
void main()
{
 char a,b;
 printf("input character a,b\n");
 scanf("%c %c",&a,&b);
 printf("\n%c%c\n",a,b);
}
```

本例表示当 scanf 函数的格式控制字符串"%c %c"之间有空格时，输入的数据之间必须有空格分隔。

⑤ 如果格式控制字符串中有非格式字符，则输入时也要输入该非格式字符。

例如 scanf("%d,%d,%d",&a,&b,&c);，其中用非格式字符","作为分隔符，故应输入如下内容。

```
5,6,7
```

又如 scanf("a=%d,b=%d,c=%d",&a,&b,&c);，则应输入如下内容。

```
a=5,b=6,c=7
```

⑥ 一般情况下，输入数据的类型要与输出数据的类型一致，如例 3-14 所示。

例 3-14 输入数据的类型与输出数据的类型要一致。

```c
#include <stdio.h>
void main()
{
  long a;
  printf("input a long integer\n");
  scanf("%ld",&a);
  printf("%ld",a);
}
```

● **特别提示**

① 格式控制字符串要用双引号标注。

② 输入项和输出项的个数、顺序和类型要与格式控制字符的个数、顺序和类型严格一致，否则会出现异常。

🔖 单元小结

本单元首先介绍了算法与程序基本结构，然后重点讲解了 C 程序输入和输出操作是由函数 printf、putchar、scanf、getchar 来实现的。C 程序输入、输出的规定比较麻烦，使用不对就得不到预期的结果，而输入、输出又是最基本的操作，几乎每一个程序都包括输入、输出。不少读者由于对输入、输出掌握不好而在调试程序上花费了时间。虽然本单元对输入、输出做了详细的介绍，但是在学习过程中没有必要去深究每个细节，重点掌握最常用的一些使用方法即可。读者在学习的过程中应注重培养自己的规范意识和良好的编程习惯。

思考与训练

1. 讨论题

（1）在使用输入、输出函数时，若不在程序开头添加编译预处理语句#include <stdio.h>，对程序执行的结果有何影响？

（2）在 C 语言中，我们经常使用的语句有哪些？

（3）常用的输入、输出格式字符有哪些？

（4）格式化的输入函数和格式化的输出函数在使用上有哪些区别？

2. 单选题

（1）阅读下列程序，当输入数据的形式为 25,13,10 时，正确的输出结果为（　　）。

```c
#include <stdio.h>
void main()
{
int x,y,z;
scanf("%d,%d,%d",&x,&y,&z);
printf("x+y+z=%d\n",x+y+z);
}
```

  A．x+y+z=48   B．x+y+z=35

  C．x+z=35   D．不确定值

（2）以下程序的运行结果是（　　）。

```c
include <stdio.h>
void main()
{
 int a=2,b=5;
 printf("a=%%d,b=%%d",a,b);
}
```

  A．a=%2,b=%5   B．a=2,b=5

  C．a=%%d,b=%%d   D．a=%d,b=%d

（3）putchar 函数可以向终端输出一个（　　）。

  A．整型变量表达式值   B．实型变量值

  C．字符串   D．字符或字符型变量值

（4）已知有定义 int a=-2;和输出语句 printf("%8lx",a);，以下叙述正确的是（　　）。

  A．整型变量的输出格式只有%d 一种

  B．%x 是格式控制字符串的一种，它适用于任何一种类型的数据

  C．%x 是格式控制字符串的一种，其变量的值按十六进制输出，但%8lx 是错误的

  D．%8lx 不是错误的格式控制字符串，其中数字 8 规定了输出字段的宽度

（5）已知 ch 是字符型变量，下面不正确的赋值语句是（　　）。

A. ch='a+b';　　　　　B. ch='\0';　　　　　C. ch='7'+'9';　　　　　D. ch=7+9;

3．分析程序并上机操作

（1）以下程序的输出结果是（　　　）。

```
#include <stdio.h>
void main()
{
int n=2,m=2;
printf("%d,%d",++m,n--);
}
```

（2）以下程序的输出结果是（　　　）。

```
#include <stdio.h>
void main()
{
int a=325;
double x=3.1415926;
printf("a=%d x=%4.2f\n",a,x);
}
```

（3）若 x 为整型变量，则执行下列语句后 x 的值是（　　　）。

```
x=7;
x+=x-=x+x;
```

（4）以下程序运行时输入 12 并按 Enter 键，输出结果是（　　　）。

```
#include <stdio.h>
void main()
{ char ch1,ch2; int n1,n2;
ch1=getchar(); ch2=getchar();
n1=ch1-'0'; n2=n1*10+ (ch2-'0');
printf("%d\n",n2);
}
```

4．编程题

（1）求 $ax+b=0$ 的解，a、b 的值由键盘输入。

（2）正确分离出一个 3 位正整数的个位、十位、百位数字，并将结果分别显示在屏幕上。

第4单元

选择结构程序设计

问题引入

　　就像生活中的每一个选择和行为都应该遵循法律法规和道德规范，程序的编写也要遵循一定的规范且每一步操作都必须精确无误。生活中的错误选择可能引发严重的后果，而程序中的错误则可能导致程序崩溃或者运行异常。在生活中，我们需要树立正确的价值观和道德观，当遇到人生的十字路口时，根据自己的目标和理想做出正确的选择和决策。同样，在编写程序时，我们需要细心、严谨，确保每一步的正确性。编写程序有助于解决日常生活中的问题，在 C 语言中，有一种程序结构被称作选择结构或分支结构，这是结构化程序设计的三大基本结构之一。选择结构使程序具备根据不同的逻辑条件进行不同处理的功能，通过对给定的条件进行判断，可以根据判断结果执行不同的语句序列。

　　在大多数结构化程序设计问题中，读者几乎都会遇到选择问题，因此熟练掌握选择结构并进行程序设计是我们必须具备的能力。本单元通过 5 个典型任务，讲解和分析 C 语言中选择结构程序的设计方法。

知识目标

1. 了解选择结构程序的 3 种类型
2. 掌握关系运算符和关系表达式的书写规则
3. 掌握逻辑运算符和逻辑表达式的书写规则
4. 熟悉实现选择结构的方法

技能目标

1. 能够运用 if 语句进行选择结构程序设计
2. 能够运用多重 if 语句进行选择结构程序设计
3. 能够运用 switch 语句进行多分支结构程序设计
4. 能够运用条件运算符表示选择结构

任务 1 身高预测——简单 if 语句的运用

通过编程解决问题一般需要数据输入、数据处理和数据输出 3 个顺序步骤，但是在实际问题中，程序的逻辑并非完全是按顺序的，常常会遇到一些要做选择的情况。程序执行时常通过条件来决定往下执行的流程，若满足条件则执行一个流程，若不满足条件则执行另一个流程，这种结构即选择结构（分支结构）。那么在选择结构程序设计过程中，选择条件如何表达？依据条件选择执行某些语句的过程是如何描述的？我们将通过工作任务来进行学习。

● **工作任务**

父母都非常关心自己孩子成年后的身高，据有关生理卫生知识与数理统计分析，孩子成年后的身高与其父母的身高、自身的性别、饮食习惯和体育锻炼情况等密切相关。

设 faheight 为孩子父亲身高，moheight 为孩子母亲身高，身高预测公式如下。

男孩成年后身高 $=(faheight+moheight) \times 0.54$（cm）
女孩成年后身高 $=(faheight \times 0.923+moheight) \div 2$（cm）

此外，如果喜欢体育锻炼，那么身高可增加 2.3%；如果有良好的饮食习惯，那么身高可增加 1.5%。

● **思路指导**

输入：性别［用字符型变量 sex 存储，输入字符 g（或 G）表示女孩，输入字符 b（或 B）表示男孩］、父母身高（用实型变量存储，faheight 为孩子父亲身高，moheight 为孩子母亲身高）、是否喜欢体育锻炼［用字符型变量 sports 存储，输入字符 y（或 Y）表示喜欢，输入字符 n（或 N）表示不喜欢］、是否有良好的饮食习惯［用字符型变量 diet 存储，输入字符 y（或 Y）表示有，输入字符 n（或 N）表示没有］。

输出：身高。

判断条件：性别是男还是女、是否喜欢体育锻炼、是否有良好的饮食习惯。

处理：利用给定公式和身高预测方法对身高进行预测。

● **相关知识**

（一）选择结构概述

构成选择结构的要素有两个：一个是条件，另一个是执行的流程。

选择结构一般有以下 3 种。

1. 单分支结构

单分支结构如图 4-1 所示。当条件成立时，执行语句组；当条件不成立时，则跳过语句组，执行语句组之后的语句。

2. 双分支结构

双分支结构如图 4-2 所示。当条件成立时，执行语句组 1；当条件不成立时，执行语句组 2。

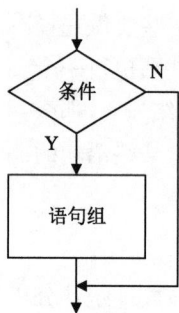

图4-1　单分支结构

图4-2　双分支结构

3. 多分支结构

多分支结构如图 4-3 所示。当满足条件 1 时，执行语句组 1；当满足条件 2 时，执行语句组 2；以此类推，当满足条件 n 时，执行语句组 n；当给定的条件都不满足时，执行语句组 $n+1$。

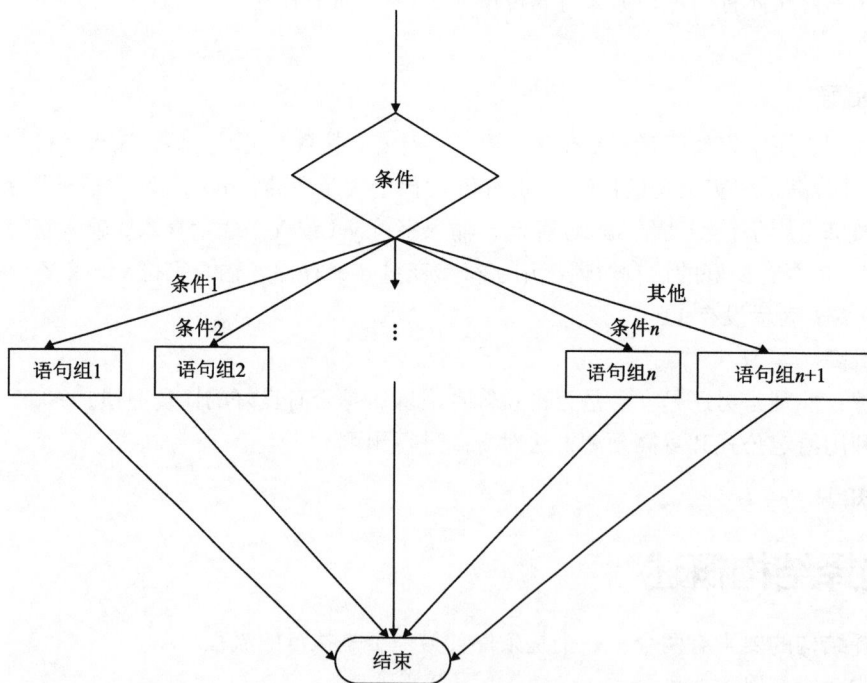

图4-3　多分支结构

（二）解决选择问题的基本步骤和方法

选择结构作为结构化程序设计的 3 种基本结构之一，也是常用的一种结构，大多数程序都包含选择结构。一般来说，用 C 语言解决选择问题用以下方法和步骤。

① 判断需要解决的问题是否是选择问题。

② 若是选择问题，则判断是哪种选择结构类型，是单分支、双分支还是多分支结构。

③ 确定选择结构类型后，再确定选择条件、执行过程与结束过程。

④ 用 C 语言描述。

（三）条件的描述

描述条件一般使用关系表达式或逻辑表达式（当然，只要符合 C 语言语法规范均可），条件的值为"真"或"假"。在 C 语言中有如下规定："真"用整数 1 表示，"假"用整数 0 表示，条件判断的结果非 0 即真。程序根据条件判断的结果（真或假）选择执行相应的语句。下面我们分别介绍关系运算符和关系表达式，以及逻辑运算符和逻辑表达式。

1. 关系运算符和关系表达式

在程序中经常需要比较两个数据的大小，以决定程序的下一步工作。比较两个数据大小的运算符称为关系运算符。在 C 语言中，有以下关系运算符。

< 小于

<= 小于或等于

> 大于

>= 大于或等于

== 等于

!= 不等于

关系运算符都是双目运算符，具有左结合性。关系运算符的优先级低于算术运算符，高于赋值运算符。在 6 个关系运算符中，<、<=、>、>= 优先级相同，并高于==和!=，而==和!=的优先级相同。

关系表达式的一般形式如下。

表达式 关系运算符 表达式

例如，a+b>d+e、x<8/9、'a'+5>97 都是合法的关系表达式。由于上述形式中的表达式也可以是关系表达式，因此也允许出现嵌套的情况，例如 a>(b>c)、a!=(c==d)。

关系表达式的值为"1"或"0"。当关系表达式成立时为"真"，其值为 1；当关系表达式不成立时为"假"，其值为 0。

2. 逻辑运算符和逻辑表达式

C 语言提供了以下 3 种逻辑运算符。

&& 与运算

|| 或运算

! 非运算

与运算符"&&"和或运算符"||"都是双目运算符，即运算符的操作对象为两个操作数，具有左结合性。非运算符"!"是单目运算符，具有右结合性。"&&"和"||"的优先级低于算术运算符和关系运算符，而"!"的优先级则高于算术运算符和关系运算符，按照运算符的优先级可以得出以下结论。

a>b&&c>d 等价于 (a>b)&&(c>d)

!b==c||d<a 等价于 ((!b)==c)||(d<a)

a+b>c&&x+y>b 等价于 (a+b>c)&&(x+y>b)

逻辑表达式的值为"1"或"0"。当逻辑表达式成立时为"真",其值为 1;当逻辑表达式不成立时为"假",其值为0。逻辑运算求值原则如表 4-1 所示。

表4-1 逻辑运算求值原则

a	b	!a	a&&b	a||b
真	真	假	真	真
真	假	假	假	真
假	真	真	假	真
假	假	真	假	假

逻辑表达式的一般形式如下。

表达式 逻辑运算符 表达式

其中,表达式又可以是逻辑表达式或关系表达式(也可以是符合 C 语言语法规范的一般表达式),从而组成嵌套的形式。

(四)简单 if 语句

1. 简单 if 语句(单分支 if 语句)的语法格式

```
if(表达式)    //条件判断
{语句组}      //执行的操作
```

2. 简单 if 语句的执行过程

简单 if 语句的执行过程如图 4-4 所示。当条件成立时,执行语句组;当条件不成立时,跳过语句组,执行后续语句。

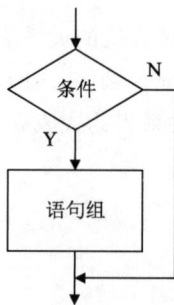

图4-4 简单if语句的执行过程

● 任务实施

1. 流程图

任务 1 的流程图如图 4-5 所示。

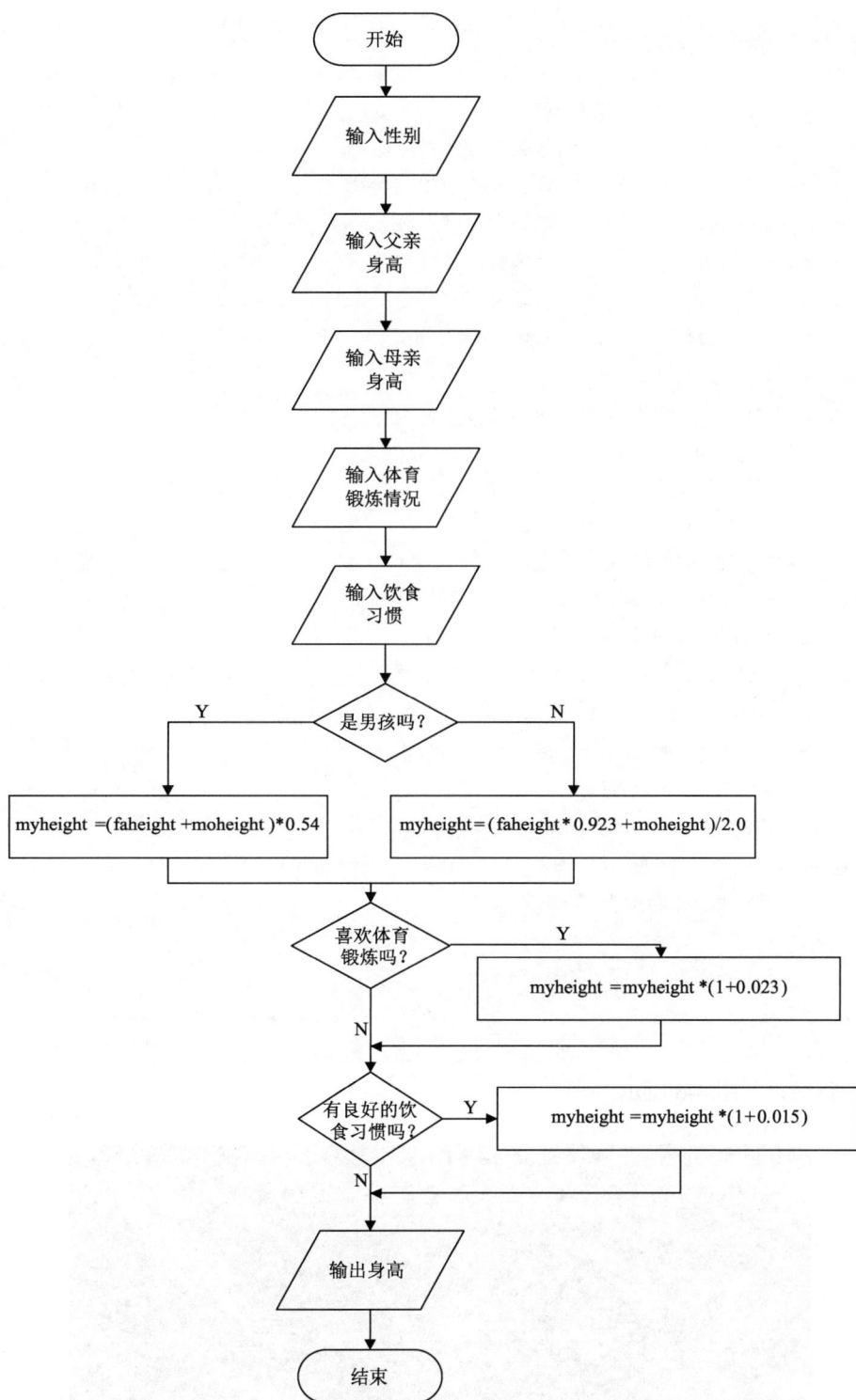

图4-5　任务1的流程图

2. 程序代码

```
#include <stdio.h>
```

```
void main( )
{
    char sex;                /* 孩子性别 */
    char sports;             /* 是否喜爱体育锻炼 */
    char diet;               /* 是否有良好的饮食习惯 */
    float myheight;          /* 孩子身高 */
    float faheight;          /* 父亲身高 */
    float moheight;          /* 母亲身高 */
    printf(" 你是男孩（b） 还是女孩（g）?");
    scanf("%1s",&sex);
    printf(" 输入你爸爸的身高（cm）: ");
    scanf("%f",&faheight);
    printf(" 输入你妈妈的身高（cm）: ");
    scanf("%f",&moheight);
    printf("你是否喜欢体育锻炼（Y/N）?");
    scanf("%1s",&sports);
    printf("是否有良好的饮食习惯（Y/N）?");
    scanf("%1s",&diet);
    if (sex=='b'|| sex=='B')
        myheight=(faheight+moheight) *0.54;
    if (sex=='g'|| sex=='G')
        myheight=(faheight*0.923+moheight)/2.0;
    if(sports=='Y'|| sports=='y')
        myheight=myheight* (1+0.023);
    if(diet=='Y'||diet=='y')
        myheight=myheight* (1+0.015);
    printf("Your future height will be%6.2f(cm)\n", myheight);
}
```

程序运行结果如图 4-6 所示。

图4-6　任务1的运行结果

● **特别提示**

① if 后面的表达式一定要有圆括号（半角）。

② 表达式一般情况下是关系表达式或逻辑表达式，也可以是任意类型的合法的 C 语言表达式，但计算结果必须为整型、字符型或实型。

③ 语句组如果为单条语句，可以不加花括号；如果为多条语句，一定要加花括号，构成复合语句。

任务 2   闰年判断——if-else 语句的运用

● **工作任务**

我国的历史文化积淀是非常深厚的，闰年和闰月是历法制定和文化习俗交织而成的，它们体现了古人对于时间和季节的深刻理解和思考。在一次联欢晚会上，为了活跃气氛，主持人随机说出一个年份，让在场的观众说出是否为闰年，答对的观众会得到一些小奖品。你能设计一个应用程序，判断某一年是否为闰年吗？

微课视频

if-else 语句的
运用

● **思路指导**

输入：将输入的年份存储到变量 y 中。

输出：对年份的判断结果。

判断条件：闰年的条件——年份能被 4 整除并且不能被 100 整除或者能被 400 整除。

处理：根据不同的条件给变量 leap 赋予值 1 或 0，再根据变量 leap 的不同值分别进行处理。

● **相关知识**

1. if-else 语句（双分支 if 语句）的语法格式

```
if( 表达式 )
    { 语句组 1}
else
    { 语句组 2}
```

2. if-else 语句的执行过程

if-else 语句的执行过程如图 4-7 所示。当条件成立时，执行语句组 1；当条件不成立时，执行语句组 2。

图4-7   if-else语句的执行过程

● **任务实施**

1. 流程图

任务 2 的流程图如图 4-8 所示。

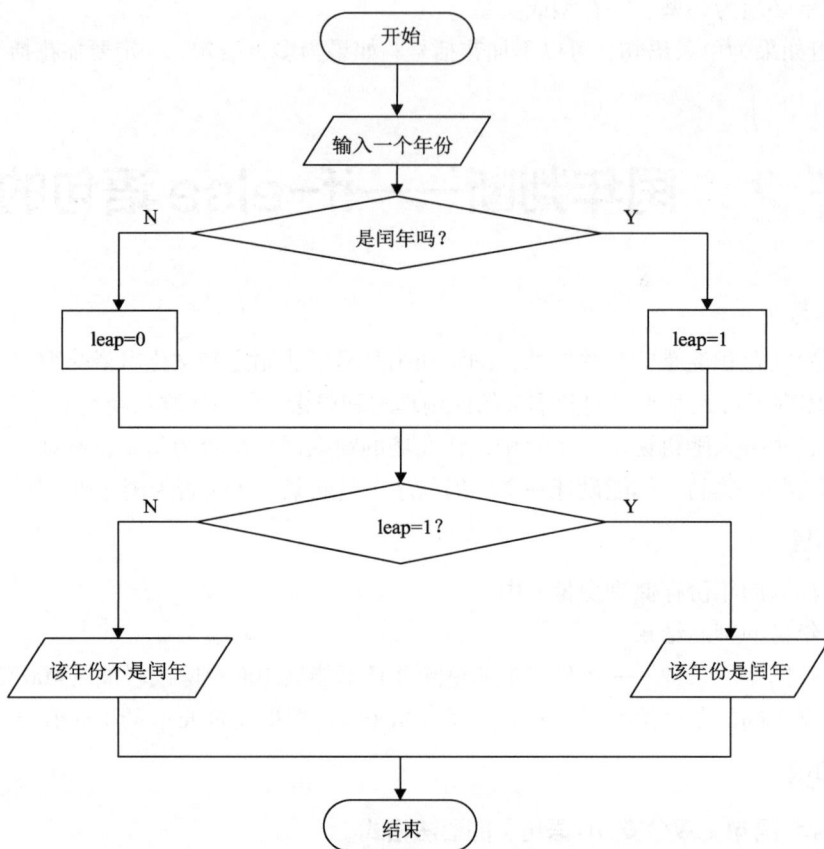

图4-8　任务2的流程图

2. 程序代码

```
#include <stdio.h>
void main()
{
  int y,leap;
  printf("请输入一个年份：");
  scanf("%d",&y);
  if((y%4==0)&&(y%100!=0)||(y%400==0)) //判断闰年的条件
    leap=1;
  else
    leap=0;
  if(leap==1)
    printf("%d年是闰年 ",year);
  else
```

```
        printf("%d年不是一个闰年 ",year);
    }
```

程序运行结果如图 4-9 所示。

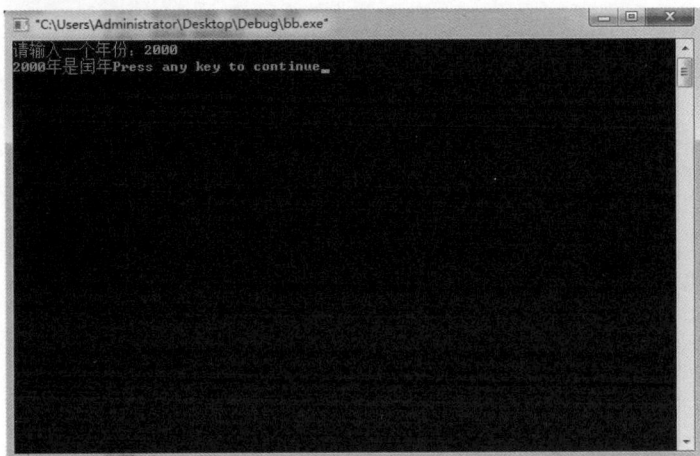

图4-9 任务2的运行结果

● **特别提示**

① if 和 else 同属于一个 if 语句，else 不能作为语句单独使用，它只是 if 语句的一部分，与 if 配对使用，因此程序中不可以没有 if 而只有 else。

② 只能执行与 if 有关的语句组或者执行与 else 有关的语句组，而不可能同时执行两者。

③ 如果语句组 1 和语句组 2 是非复合语句，又不是控制语句，那么该语句一定要以分号结束。

任务 3 划分考试成绩等级——多重 if 语句的运用

● **工作任务**

大学生活是丰富多彩的，但我们的主要任务还是学习，同学们应该珍惜当下美好的大学时光。在大学的课程成绩评定中，经常把学生的成绩分成优秀、良好、中等、及格和不及格 5 个等级。其中小于 60 分的为不及格，60～70 分（不包含 70 分）的为及格，70～80 分（不包含 80 分）的为中等，80～90 分（不包含 90 分）的为良好，90 分及以上的为优秀。编写一个程序，要求输入一个学生的成绩，输出与其成绩对应的等级。

微课视频

多重if语句的运用

● **思路指导**

输入：输入学生的成绩并将其存储到变量 score 中。

输出：根据学生的成绩输出成绩的等级。

判断条件：判断学生成绩属于哪个范围。

处理：根据判断结果，输出成绩的等级。

1. 多重 if 语句（多分支 if 语句）的语法格式

```
if( 表达式 1)
   { 语句组 1}
else if( 表达式 2)
   { 语句组 2}
else if( 表达式 3)
   { 语句组 3}
…
else if( 表达式 n)
   { 语句组 n}
else
   { 语句组 n+1}
```

2. 多重 if 语句的执行过程

先判断表达式 1，若表达式 1 为"真"，则执行语句组 1，然后跳出选择结构，继续执行选择结构下边的语句；若表达式 1 为"假"，不执行语句组 1，判断表达式 2 是否为"真"，如果表达式 2 为"真"，则执行语句组 2，然后跳出选择结构，若为"假"，则继续判断表达式 3 是否为"真"……以此类推，如果所有的条件都不成立，则执行最后一个 else 下面的语句组 n+1，然后执行选择结构之后的语句。

● 任务实施

1. 流程图

任务 3 的流程图如图 4-10 所示。

2. 程序代码

```c
#include <stdio.h>
void main()
{
  int score;
  printf("请输入一个学生的成绩：");
  scanf("%d",&score);
  if(score<60)
    printf("不及格");
  else if(score<70)
    printf("及格");
  else if(score<80)
    printf("中等");
  else if(score<90)
```

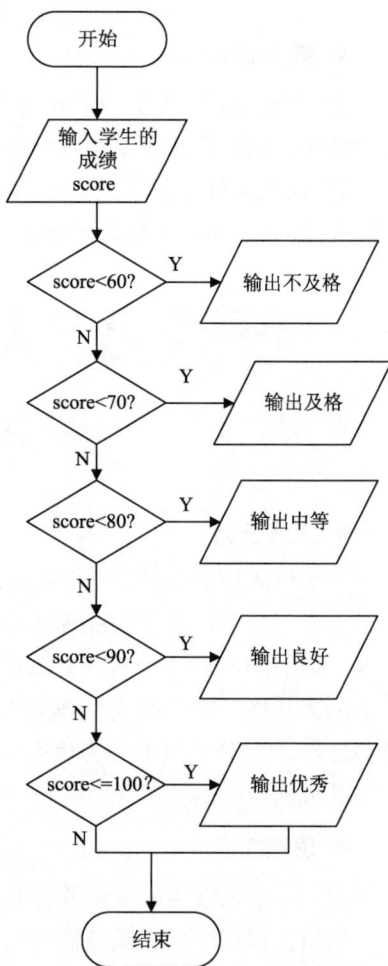

图4-10　任务3的流程图

```
    printf(" 良好 ");
else
    printf("优秀");
}
```

程序运行结果如图 4-11 所示。

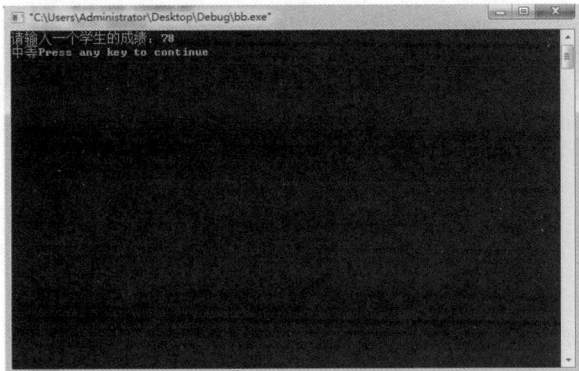

图4-11 任务3的运行结果

对于示例中的问题，传统的处理方式可能是人工查看成绩，然后手动判断等级，这种方式效率低下且容易出错。而使用 C 语言编写选择结构程序，可以实现自动化判断，大大提高了工作效率和准确性。

● 特别提示

多重 if 语句更适用于区间判断。如果 if 后的表达式只写了半幅，如上面的 score<80，而不是 score>=70&&score<80，那么 if 后的表达式顺序不能颠倒，否则得不到期望的结果。

任务 4　旅游景点门票打折——嵌套 if 语句的运用

● 工作任务

某旅游景点为吸引游客，旺季和淡季门票价格不同，旺季为每年 5 月份到 10 月份，门票价格为 200 元，淡季门票价格是旺季的八折。无论旺季还是淡季，65 岁及以上的老人免票，14 岁以下的儿童半价，其余游客全价。请编写一个旅游景点门票计费程序。

微课视频

嵌套 if 语句的运用

● 思路指导

输入：输入游览月份并将其存储到变量 month 中，输入游客年龄并将其存储到变量 age 中，旅游景点门票单价存储到变量 price 中。

输出：游客应付门票金额 money。

判断条件：先判断是淡季还是旺季，再在淡季或旺季条件内判断游客年龄。

处理：根据淡季或旺季、游客年龄计算票价并输出。

● **相关知识**

嵌套 if 语句的基本概念：if 语句体中又出现了 if 语句，或 else 子句中又出现了 if 语句，称为 if 语句的嵌套。

● **任务实施**

1. 流程图

任务 4 的流程图如图 4-12 所示。

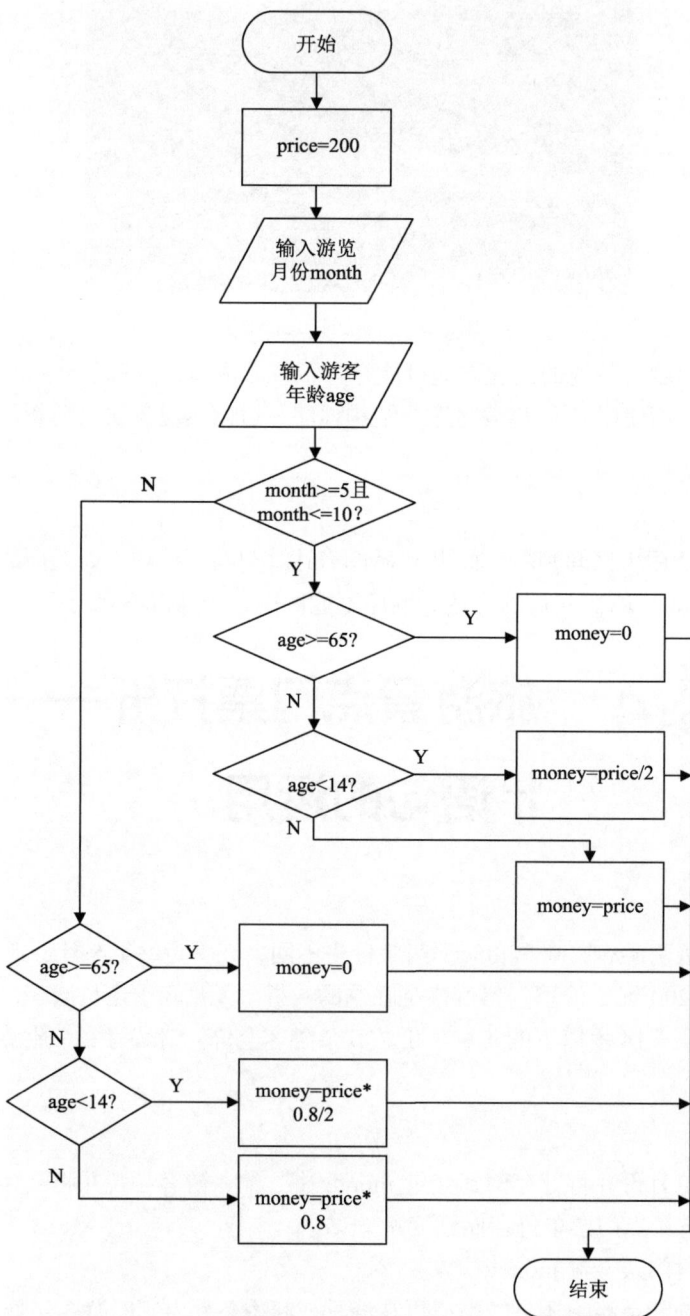

图4-12 任务4的流程图

2．程序代码

```
#include <stdio.h>
void main()
{
int month,age;
float price=200,money;
printf("请输入游览月份：");
scanf("%d",&month);                //输入月份
printf("请输入游客年龄：");
scanf("%d",&age);                  //输入游客的年龄
if(month>=5&&month<=10)            //是旅游旺季吗？
    if(age>=65) money=0;          //年龄是65岁及以上吗？
    else if(age<14) money=price/2;     //年龄是14岁以下吗？
        else money=price;
else
    if(age>=65) money=0;
    else if(age<14) money=price*0.8/2;
        else money=price*0.8;
printf("该游客应购买门票价格为 %.2f元",money);
}
```

程序运行结果如图 4-13 所示。

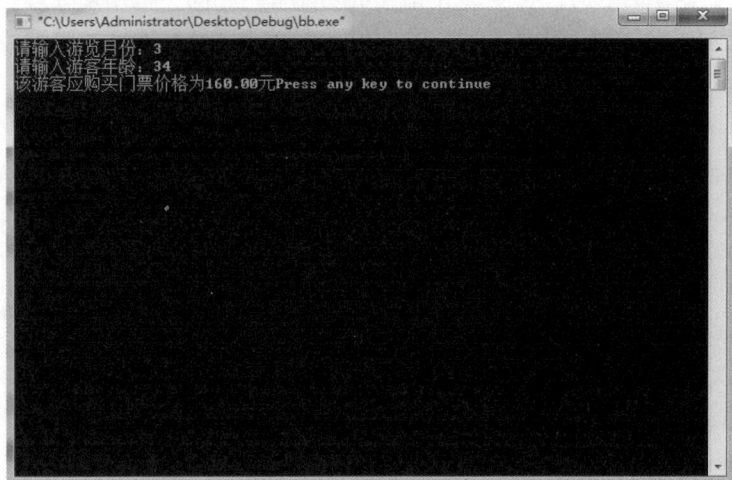

图4-13　任务4的运行结果

● **特别提示**

① 嵌套 if 语句的使用非常灵活，不仅单分支的 if 语句可以嵌套，其他形式的 if 语句也可以嵌套。被嵌套的 if 语句本身又可以是一个嵌套的 if 语句，称为 if 语句的多重嵌套。

② 在多重嵌套的 if 语句中，else 总是与离它最近并且没有与其他 else 配对的 if 配对。

任务 5　小型计算器的设计——switch 语句的运用

● 工作任务

编写一个小型计算器程序，该程序应能够接收用户输入的两个数据，并根据所选的功能项执行相应的数学运算（加、减、乘、除）。在程序设计和实现过程中，应体现科学精神、逻辑思维、严谨态度等，通过编写和使用小型计算器程序，提升编程技能，同时培养理性思维和解决问题的能力。

微课视频

switch 语句的运用

● 思路指导

输入：输入需要进行的运算的类型并将其存储到变量 n 中，将输入的两个数据分别存储到 a 和 b 两个变量中。

输出：根据不同的数学运算得出运算结果。

判断条件：根据输入的 n 值进行判断。

处理：根据不同的 n 值进行不同的数学运算。

● 相关知识

1. switch 语句

switch 语句属于多分支结构，和多重 if 语句的功能基本相同，也用来处理程序中出现的多分支情况。switch 语句通常适用于条件表达式的取值为多个离散且不连续的整型值（或字符型值）的情况，该语句用于实现多分支结构。

2. switch 语句的语法格式

```
switch(<表达式>)
  {case  <常量表达式 1>:<语句组 1> [break];
   case  <常量表达式 2>:<语句组 2> [break];
   …
   case  <常量表达式 n>:<语句组 n> [break];
  [default: <语句组 n+1>]
  }
```

3. switch 语句的执行过程

switch 语句中没有 break 语句的执行过程：首先计算表达式的值，当表达式的值与某一个 case 后面的常量表达式的值相等（匹配）时，则执行此 case 后的语句组；执行完后，转到下一个 case 继续执行，直到 switch 语句体结束。如果表达式的值与 case 后面的常量表达式的值都不匹配，并且存在 default 关键字，则执行 default 后的语句组，直到 switch 语句体结束。

在 switch 语句中使用 break 语句的执行过程：break 语句也称间断语句，可以在各个 case 之后的语句组最后加上 break 语句，每当执行到 break 语句时，立即跳出 switch 语句体。switch 语句通常和 break 语句联合使用，使得 switch 语句真正起到多分支选择的作用。

switch 语句的执行过程如图 4-14 所示。

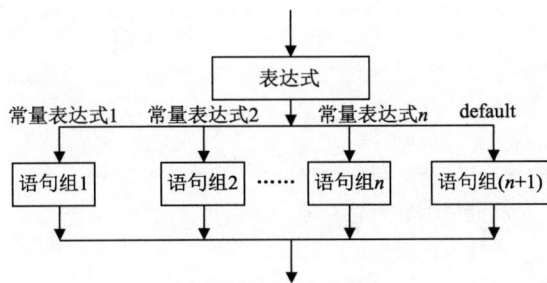

图4-14 switch语句的执行过程

● **任务实施**

小型计算器程序使用了多分支语句（switch 语句），界面友好，操作简单，易于使用。

1. 流程图

任务 5 的流程图如图 4-15 所示。

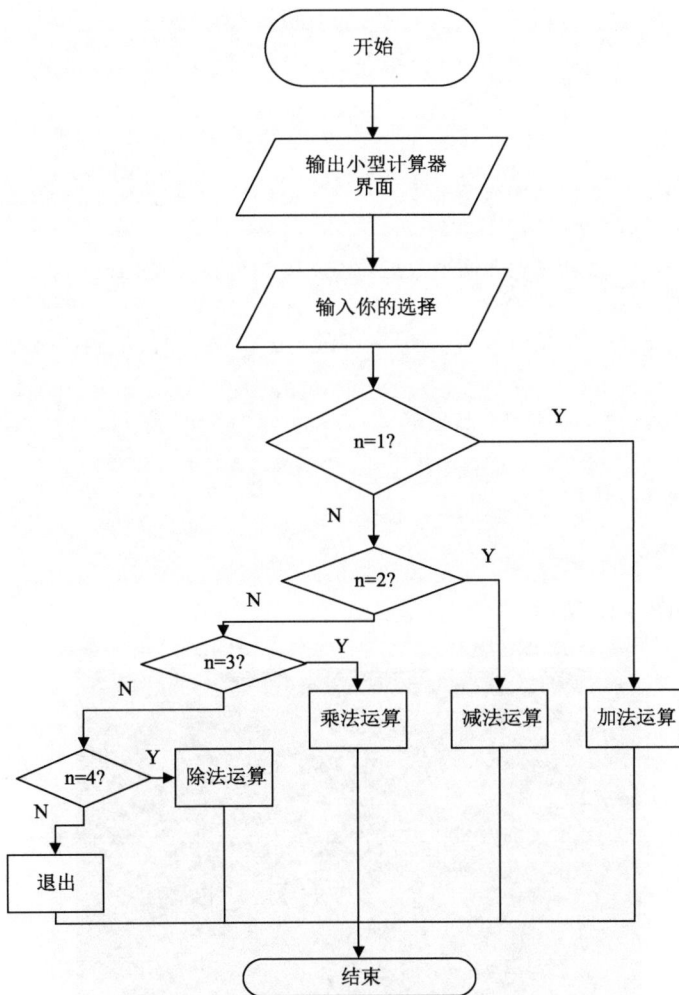

图4-15 任务5的流程图

2. 程序代码

```
#include <stdio.h>
void main()
{
  int a,b,n;
  printf("*******************************************\n");
  printf("              欢迎使用小型计算器              \n");
  printf("            设计人：李丽红                   \n");
  printf("*******************************************\n");
  printf("              1.加法运算                    \n");
  printf("              2.减法运算                    \n");
  printf("              3.乘法运算                    \n");
  printf("              4.除法运算                    \n");
  printf("              5.退出                        \n");
  printf("*******************************************\n");
  printf("\n");
  printf("请选择: ");
  scanf("%d",&n);
  switch(n)
   {
     case 1: printf("请输入两个数: ");scanf("%d%d",&a,&b);printf("两数相加是:
%d",a+b);break;
     case 2: printf("请输入两个数: ");scanf("%d%d",&a,&b);printf("两数相减是:
%d",a-b);break;
     case 3: printf("请输入两个数: ");scanf("%d%d",&a,&b);printf("两数相乘是:
%d",a*b);break;
     case 4: printf("请输入两个数:");scanf("%d%d",&a,&b);printf("两数相除是:
%6.2f",(float)a/b);break;
     case 5: exit(0);
   }
}
```

程序运行结果如图 4-16 所示。

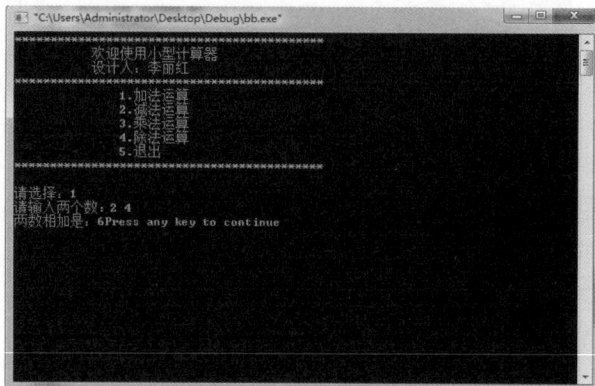

图4-16　任务5的运行结果

● **特别提示**

① switch 是关键字，其后面花括号里标注的部分称为 switch 语句体。要特别注意，这一对花括号不能省略。

② switch 后表达式的运算结果可以是整型、字符型或枚举型表达式等，表达式两边的圆括号（半角）不能省略。

③ 每一个 case 后的常量表达式的值不能相同。

④ default 部分是可选的，且可以写在 switch 语句体中的任意位置，但可能会影响程序的运行结果。

例 4-1 通过键盘输入一个年份和一个月份，判断该月份为多少天（用 switch 语句完成，体会 break 的用法）

程序如下。

```
#include <stdio.h>
void main()
{
    int year,month,leap;
    printf("请输入一个年份");
    scanf("%d",&year);
    printf("请输入一个月份");
    scanf ("%d",&month);
    switch(month)
    {
        case 1:
        case 3:
        case 5:
        case 7:
        case 8:
        case 10:
        case 12: printf("该月为 31 天");break;
        case 4:
        case 6:
        case 9:
        case 11: printf("该月为 30 天");break;
        case 2: if((year%4==0)&&(year%100!=0)||(year%400==0))
                    printf("该月为 29 天");
                else printf("该月为 28 天");
            break;
    }
}
```

必备的基础知识：一年中的 1、3、5、7、8、10、12 月都是 31 天；4、6、9、11 月都是 30 天；闰年 2 月是 29 天，非闰年 2 月是 28 天；闰年一年 366 天，非闰年一年 365 天。

例 4-2　编写一个程序，要求输入一个学生的成绩，输出其成绩对应的等级。学生成绩分为 5 个等级：小于 60 分的为不及格，60～70 分（不包含 70 分）的为及格，70～80 分（不包含 80 分）的为中等，80～90 分（不包含 90 分）的为良好，90 分及以上的为优秀（用 switch 语句完成）。

程序如下。

```
#include <stdio.h>
void main()
{
int score;
printf("请输入一个学生的成绩: ");
scanf("%d",&score);
switch(score/10)
{
    case 10:
    case 9:printf("优秀");break;
    case 8:printf("良好");break;
    case 7:printf("中等");break;
    case 6:printf("及格");break;
    default: printf("不及格");break;
    }
}
```

拓展与提高

1. 条件运算符和条件表达式

条件运算符用 "? :" 来表示，它是 C 语言中唯一一个三目运算符。条件表达式的一般形式如下。

表达式 1?表达式 2:表达式 3

运算过程：先计算表达式 1 的值，若为非 0（真），计算表达式 2 的值，此时表达式 2 的值就是整个条件表达式的值；若表达式 1 的值为 0（假），计算表达式 3 的值，此时表达式 3 的值就是整个条件表达式的值。

① 表达式 2 和表达式 3 只能有一个被求解，不可能两个同时被求解。例如 a>b?a++:++b，其中 a=2、b=5，运算后，整个条件表达式的值是 6，而 a 的值还是 2，b 的值变成 6。

② 条件运算符的优先级高于赋值运算符，但低于算术运算符、关系运算符和逻辑运算符。例如 max=x>y?x:y，其中 x=4、y=3，运算后，整个条件表达式的值为 4，并赋值给变量 max。

③ 条件运算符具有右结合性。例如 a>b?a:c>d?c:d 相当于 a>b?a:(c>d?c:d)，其中 a=1、b=2、c=3、d=4，则整个条件表达式的值是 4。

2. 短路运算符

在 C 语言中，&&、||也称作短路与、短路或，即在一个或多个由&&相连的表达式中，只要第一个操作数为 "假"，其他操作数就不再参与运算，整个表达式的值为 0；在一个或多个由||相连的表达式中，只要第一个操作数为 "真"，其他操作数就不再参与运算，整个表达式的值为 1。

C 语言程序设计任务驱动式教程（第 4 版）（微课版）

例 4-3 短路与、短路或操作的运算。

```
#include <stdio.h>
void main()
{
  int x,y,z;
  x=y=z=-1;
  ++x&&++y||++z;
  printf("x=%d\ty=%d\tz=%d\n",x,y,z);
  x=y=z=-1;
  x++||++y||++z;
  printf("x=%d\ty=%d\tz=%d\n",x,y,z);
  x=y=z=-1;
  ++x&&++y&&++z;
  printf("x=%d\ty=%d\tz=%d\n",x,y,z);
}
```

程序运行结果如下。

```
x=0    y=-1   z=0
x=0    y=-1   z=-1
x=0    y=-1   z=-1
```

单元小结

本单元重点讨论了选择结构程序设计的实现方法，选择结构用于实现条件判断，在两个或多个情况中做出选择。简单 if 语句、if-else 语句、多重 if 语句、嵌套 if 语句以及 switch 语句是 C 语言的选择结构语句。本单元结合有代表性的示例，分析了选择结构语句的用法。通过本单元的学习，读者应能了解选择结构程序设计的特点和一般规律，编写程序时应从可读性、健壮性和程序效率等多方面进行综合考虑，使用合适的语句结构，以提高代码质量。

思考与训练

1. 讨论题

（1）嵌套 if 语句和多重 if 语句有何区别？举例说明在实际编程过程中，这两种选择结构语句能否用来解决相同的问题？

（2）多重 if 语句与 switch 语句能否相互替换？考虑二者分别适用的场合。

2. 选择题

（1）逻辑运算符两侧运算对象（   ）。

　　A. 只能是 0 或 1　　　　　　　　　B. 只能是 0 或非 0 整数

　　C. 只能是整型或字符型数据　　　　D. 可以是任意类型的数据

（2）判断字符型变量 ch 是否为大写字母的正确表达式是（   ）。

A. 'A'<=ch<='Z'   B. (ch>='A')& (ch<='Z')
C. (ch>='A')&& (ch<='Z')   D. (ch>='A')AND(ch<='Z')

（3）已知 int x=10,y=20,z=30;，以下语句执行后 x、y、z 的值是（   ）。

```
if(x>y)
z=x;x=y;y=z;
```

A. x=10,y=20,z=30   B. x=20,y=30,z=30
C. x=20,y=30,z=10   D. x=20,y=30,z=20

（4）当 a=1,b=3,c=5,d=4 时，执行完下面的程序段后，x 的值是（   ）。

```
if(a<b)
if(c<d)
else if(a<c)
    if(b<d) x=2;
    else  x=3;
    else x=6;
else  x=7;
```

A. 1   B. 2   C. 3   D. 6

3. 分析程序并上机操作

（1）下列程序的运行结果是什么？

```
#include <stdio.h>
void main()
{
    int x,y,z;
    x=y=z=1;
    --x&&--y||--z;
    printf("x=%d\ty=%d\tz=%d\n",x,y,z);
    x=y=z=-1;
    ++x||++y||++z;
    printf("x=%d\ty=%d\tz=%d\n",x,y,z);
    x=y=z=0;
    x--&&++y&&++z;
    printf("x=%d\ty=%d\tz=%d\n",x,y,z);
}
```

（2）下列程序的运行结果是什么？

```
#include <stdio.h>
void main()
{
    int a=1,b=0;
    switch(a)
    {
    case 1:
```

```
switch(b)
{
    case 0: printf("**0**");break;
    case 1: printf("**1**");break;
}
    case 2: printf("**2**");break;
}
}
```

4. 填空题

（1）以下程序运行后的输出是_____。

```
#include <stdio.h>
void main()
{ int a=1,b=2,c=3;
if(c=a) printf("%d\n",c);
else printf("%d\n",b);
}
```

（2）设 y 是整型变量，判断 y 为奇数的关系表达式为_____。

（3）若从键盘输入 58，则以下程序运行后的输出是_____。

```
#include <stdio.h>
void main()
{ int a;
scanf("%d",&a);
if(a>50) printf("%d",a);
if(a>40) printf("%d",a);
if(a>30) printf("%d",a);
}
```

（4）以下程序运行后的输出是_____。

```
#include <stdio.h>
void main()
{ int a=5,b=4,c=3,d;
d=(a>b>c);
printf("%d\n",d);
}
```

（5）以下程序运行后的输出是_____。

```
#include <stdio.h>
void main()
{int p=30;
printf("%d\n",(p/3>0?p/10:p%3));
}
```

5. 编程题

（1）编写程序，判断通过键盘输入的字符属于哪一类字符（大写字母、小写字母、数字或其他字符）。

（2）假设个人所得税起征点为 5 000 元，超过部分要征收个人所得税，未超过 3 000 元的部分征收 3%，超过 3 000 元至 12 000 元的部分征收 10%，超过 12 000 元至 25 000 元的部分征收 20%（不考虑超过 25 000 元的情况）。编写程序输入个人当月税前收入，计算个人所得税及个人实际收入。

（3）从键盘输入 3 个数据，然后按照从小到大的顺序输出。

（4）某厂对产品进行分级，产品性能在 90 分及以上，则该产品定为 A 级；产品性能在 80～89 分，则定为 B 级；产品性能在 60～79 分，则定为 C 级；产品性能在 60 分以下，则定为 D 级。试编写一个程序对该厂产品进行分级。

第5单元

循环结构程序设计

▶ **问题引入**

在第 4 单元中，我们学习了运用选择结构程序设计语句完成判断和选择的方法。通常情况下我们的判断可以是多次的，即循环判断，如可以通过小型计算器重复计算多次、可以为多个人预测身高、可以判断任意一个年份是否为闰年等。有关循环的例子还有很多，在自然界中，地球绕太阳旋转、每年的四季更替；在生活中，运动的车轮、旋转的电扇等存在循环现象。我们在这里研究的是限定次数的循环，从而使循环任务能够完成。我们人生中的每一天，也是周而复始的，而我们生命的意义就在于能够自信、快乐地坚持实现我们的目标。

我们经常会对输入的多个数据运用相同的计算，使用循环语句可以解决烦琐的重复问题。如果程序中有需要多次执行的语句组，就可以进行循环结构程序设计。

循环结构是结构化程序设计的 3 种基本结构之一。循环语句组可重复执行，直到循环控制条件成立（或不成立）结束，或完成指定的次数。循环结构由循环语句组成，有时我们还希望控制循环的进入和退出，所以还会使用一些循环控制语句。本单元利用 6 个典型任务讲解和分析 C 语言中循环结构程序的设计方法。

🔧 **知识目标**

1. 了解循环结构程序设计方法
2. 熟练掌握 while 语句
3. 熟练掌握 do-while 语句
4. 熟练掌握 for 语句
5. 掌握控制循环的 break 语句和 continue 语句
6. 了解循环嵌套程序结构

🔑 **技能目标**

1. 掌握循环结构程序设计的方法与步骤
2. 能够运用 while 语句进行循环结构程序设计

3. 能够运用 do-while 语句进行循环结构程序设计
4. 能够运用 for 语句进行循环结构程序设计
5. 能够运用 break 语句和 continue 语句控制循环
6. 综合运用 3 种循环语句进行循环嵌套结构程序设计

任务 1　红歌比赛计算平均分——while 语句的运用

反复执行的程序段（语句组）称为循环体，给定的条件称为循环条件。C 语言提供了 3 种循环语句：while 语句、do-while 语句和 for 语句。利用它们可以组成各种不同形式的循环结构。本任务主要介绍 while 语句的使用。

while 语句的运用

● 工作任务

某学院在国庆节举办了"红色旋律，青春飞扬"红歌比赛，歌唱祖国，传递正能量。比赛邀请各系组织选手并推选评委。比赛时，一支参赛队演唱完毕，由评委打分，最终成绩是所有评委的平均分。

假设评委人数不固定，由输入的评委人数决定。每个评委打分后进行求和，如果打分次数和评委人数不相等，则继续打分和求和，打分结束后计算平均分，并输出最终成绩。

● 思路指导

输入：评委人数 n。

次数统计：计数器 i。

循环：循环条件——$i<=n$；

　　　循环任务——输入评委打分 scr（0～100 分），求和 sum，打分次数 i 加 1。

求平均分：平均分 ave，ave=sum/n。

输出：平均分，即参赛队的比赛成绩。

● 相关知识

（一）循环结构概述

循环结构是结构化程序设计的基本结构之一，它可以与顺序结构、选择结构共同构成各种复杂程序。

（二）解决循环问题的基本步骤和方法

循环要完成的任务主要有 3 个。

① 循环需要确定重复执行的次数，因此要设计一个循环变量，并对它进行初始化。

② 设计循环条件，即循环变量的终值，控制循环的结束。

③ 设计循环反复执行的任务，即循环体。

88

C语言程序设计任务驱动式教程（第4版）（微课版）

（三）"当型"循环语句——while 语句

1. while 语句的语法格式

```
while（表达式）
      {循环语句组}
```

2. while 语句的执行过程

当表达式为"真"时，执行 while 语句中的循环语句组，否则执行循环体后续语句。while 语句的执行过程如图 5-1 所示。

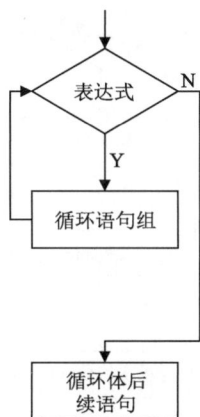

图5-1 while语句的执行过程

3. 关于 while 语句的进一步说明

① 循环体如果包含一条以上的语句，应该用花括号标注，以复合语句的形式出现。

② 在循环体中应有使循环趋向于结束的语句，即设置修改循环条件的语句。例如本任务中的 i++，其可以使循环变量 i 递增 1。

③ while 语句的特点是先判断表达式的值，然后决定是否执行循环体中的循环语句组。如果表达式一开始为"假"（值为 0），则退出循环，并转入循环体的后续语句执行；如果表达式始终为"真"（值为 1），则是永久循环（死循环）。

例 5-1 输出数字 1～100——while 语句的应用。

```c
#include <stdio.h>
void main()
{
    int i=1;
    while(i<=100)
    {
        printf("%d\t",i);
        i++;
    }
}
```

● **任务实施**

1. 流程图

任务 1 的流程图如图 5-2 所示。

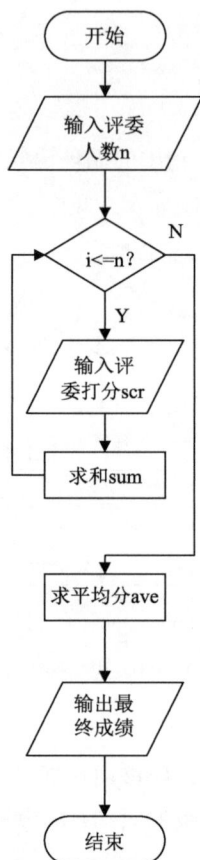

图5-2　任务1的流程图

2. 程序代码

```c
#include <stdio.h>
void main()
{
    int n,i=1,scr,sum=0,ave;
    printf("请输入评委人数：");
    scanf("%d,",&n);
    while(i<=n)
    {
        printf("请为参赛队打分（0~100）：");
        scanf("%d",&scr);
        sum+=scr;
        i++;
    }
```

```
        ave=sum/n;
        printf("参赛队最终成绩（评委打分平均分）：%d",ave);
}
```

程序运行结果如图 5-3 所示。

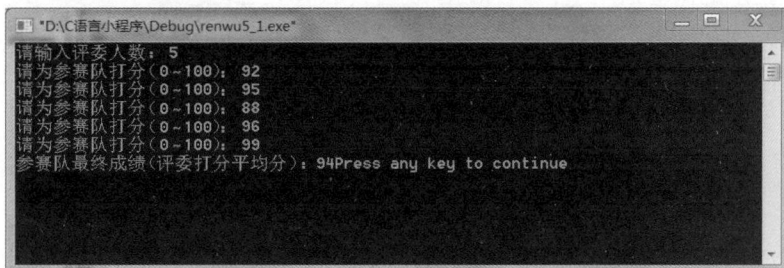

图5-3 任务1的运行结果

● **特别提示**

① 循环变量要有初值。

② 在循环体中，循环变量要有变化，能使得循环条件为"假"，以跳出循环，避免出现死循环。

③ sum 初值为 0。

任务 2 翻牌游戏——do-while 语句的运用

● **工作任务**

有这样的一个纸牌小游戏，3 个人一起玩，不分花色，一人选择奇数牌，一人选择偶数牌。"公生明，偏生暗"，为了公正，第 3 个人负责唱分，A 为 1 分……K 为 13 分，直到两人中某人抽到大王或小王（按 0 分对待）游戏结束，最终两人积分高者胜出。试用 C 语言编写程序模拟此游戏。

微课视频

do-while 语句
的运用

● **思路指导**

循环输入：由唱分人负责输入分值。

循环条件：不是大王或小王（0 分）。

输出：两人总得分。

判断输赢：比较奇数和及偶数和的大小。

● **相关知识**

1. do-while 语句的语法格式

```
do
{
    循环语句组
```

```
    }
while(表达式);
```

2. do-while 语句的执行过程

先执行一次指定的循环语句组，然后判断表达式的值。当表达式的值为非 0 时，返回重新执行该循环语句组；如此反复，直到表达式的值等于 0，此时循环结束。

do-while 语句的执行过程如图 5-4 所示。

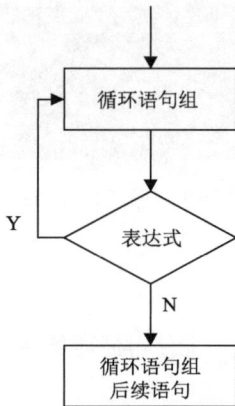

图5-4　do-while语句的执行过程

3. 关于 do-while 语句的进一步说明

① do-while 语句是先执行循环语句组一次，后判断表达式的值。

② 如果 do-while 语句的循环语句组部分是由多条语句组成的，则必须用花括号标注，使其形成复合语句。

③ 书写时不要忘记 while 的圆括号（半角）后面有一个分号 ";"（半角）。

例 5-2　计算 1～100 的和——do-while 语句的应用。

```c
#include <stdio.h>
void main()
{
    int i=1,sum=0;
    do
    {
        sum=sum+i;
        i++;
    } while(i<=100);
    printf("sum=%d\n",sum);
}
```

● **任务实施**

1. 流程图

任务 2 的流程图如图 5-5 所示。

C语言程序设计任务驱动式教程（第4版）（微课版）

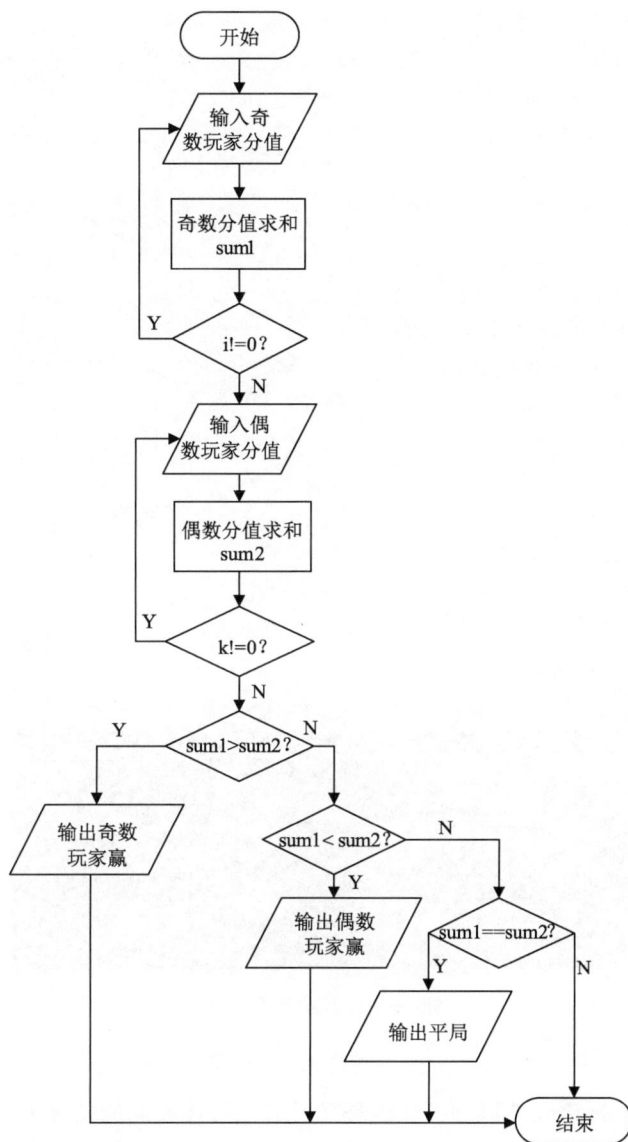

图5-5　任务2的流程图

2. 程序代码

```c
#include <stdio.h>
void main()
{
    int i,k,sum1=0,sum2=0;
    do//循环
    {
        printf("请输入奇数玩家分值：");
        scanf("%d",&i);  //输入
        if(i%2!=0)  //奇数分值求和
            sum1+=i;
    }while(i!=0);
```

```
do //循环
{
    printf("请输入偶数玩家分值: ");
    scanf("%d",&k); //输入
    if (k%2==0) //偶数分值求和
        sum2+=k;
}while (k!=0);
printf("奇数分值是: %d偶数分值是: %d",sum1,sum2);
if(sum1>sum2) //判断赢家
    printf("奇数玩家赢!");
else
    if(sum1<sum2)
        printf("偶数玩家赢!");
    else
        if(sum1==sum2)
            printf("平局!");
}
```

程序运行结果如图 5-6 所示。

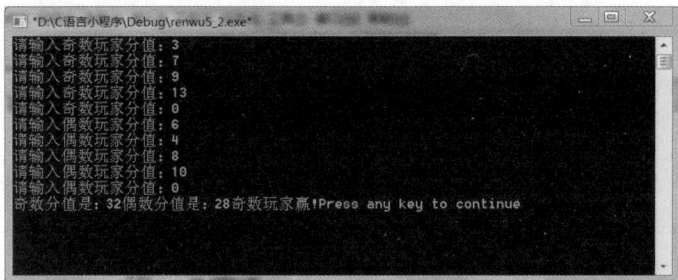

图5-6　任务2的运行结果

● **特别提示**

while 语句和 do-while 语句的区别: 在循环条件和循环体相同的情况下, 当 while 后面的表达式第一次为 "真" 时, 两种循环得到的结果相同; 当 while 后面的表达式第一次为 "假" 时, while 语句一次也不执行, 而 do-while 语句可以顺利执行一次。

任务 3　模拟中奖机——for 语句的运用

● **工作任务**

在我们日常生活中, 无论是商场的抽奖活动、网络游戏的抽奖环节, 还是彩票销售点, 中奖机制总是吸引着人们的目光。这些看似随机的中奖背后, 实则隐藏着概率学的原理。在本任务中, 我们将通过编写一个模拟中奖机的程序, 深入探究中奖的奥秘, 同时引导读者对运气、努力、诚信与公平等进行思考。

微课视频

for 语句的运用

- **思路指导**

初始化：原始号码 123。

循环：循环变量 i 是范围为 100～999 的数字，个位 a=i%10，十位 b=i/10%10，百位 c=i/100%10。

获奖变量：k。

条件判断：判断 a、b、c 分别是否为 1、2、3，有一个相等则 k++。

条件输出：如果 k=1，输出"三等奖+数字"；

如果 k=2，输出"二等奖+数字"；

如果 k=3，输出"一等奖+数字"。

- **相关知识**

1. for 语句的语法格式

```
for  (表达式 1;表达式 2;表达式 3)
{
    循环语句组
}
```

2. for 语句的执行过程

① 计算表达式 1 的值。

② 计算表达式 2 的值。若其值为真，则执行循环语句组一次；否则跳转到第⑤步。

③ 计算表达式 3 的值。

④ 回转到第②步。

⑤ 结束循环，执行循环语句组后续语句。

for 语句的执行过程如图 5-7 所示。

3. 关于 for 语句的进一步说明

① 表达式 1 一般为赋值表达式，用于进入循环之前给循环变量赋初值。

② 表达式 2 一般为关系表达式或逻辑表达式，用于执行循环条件的判定，它与 while 语句、do-while 语句中表达式的作用完全相同。

③ 表达式 3 一般为赋值表达式或自增（i=i+1 可表示成 i++）、自减（i=i-1 可表示成 i--）表达式，用于修改循环变量的值。

④ 如果循环语句组部分是由多条语句组成的，则必须用花括号标注，使其成为复合语句。

例 5-3 输出数字 1～100，每行显示 6 个数字——for 语句的应用。

```
#include <stdio.h>
void main()
{
    int i,num=0;
    for(i=1;i<=100;i++)
    {   printf("%-5d ",i);
        num++;
        if(num==6)
```

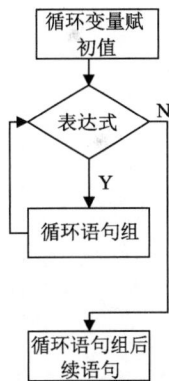

图5-7 for语句的执行过程

```
        {
            printf("\n");
            num=0;
        }
    }
}
```

● **任务实施**

1. 流程图

任务 3 的流程图如图 5-8 所示。

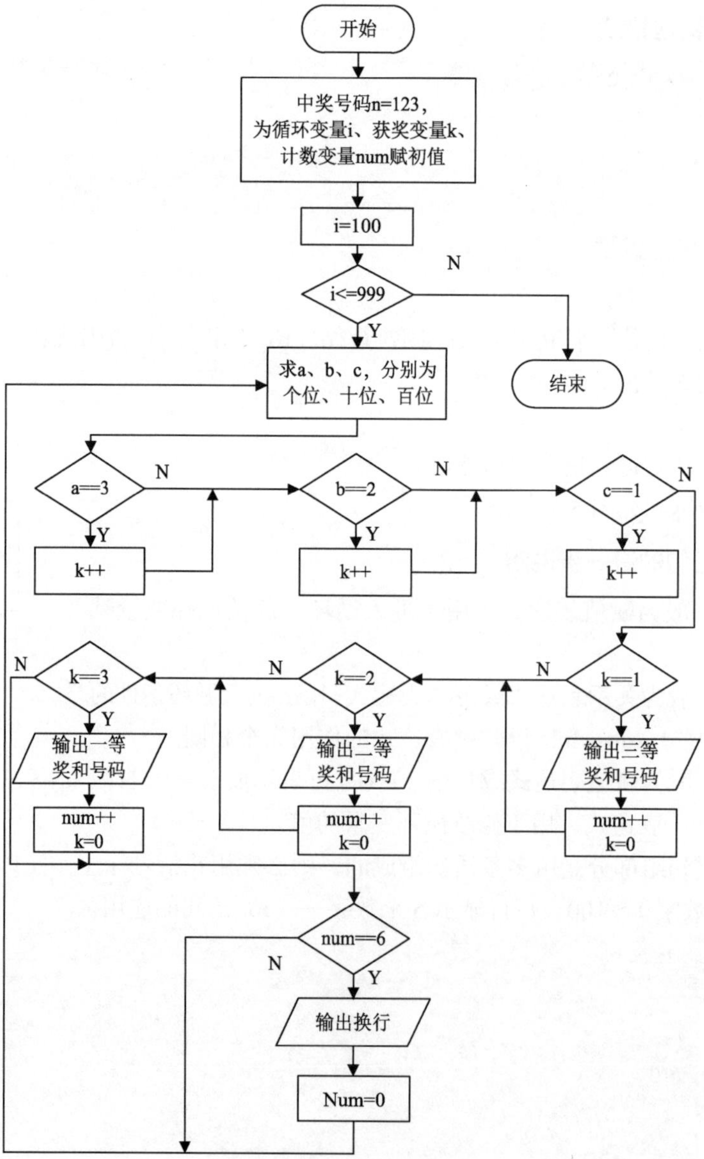

C语言程序设计任务驱动式教程（第4版）（微课版）

图5-8　任务3的流程图

2. 程序代码

```c
#include <stdio.h>
void main()
{
    int i,a,b,c,k=0,num=0;
    int n=123;                  //原始号码
    printf("输出所有中奖号码：\n");
    for(i=100;i<=999;i++)       //循环判断 3 位数中的中奖数字
    {
        a=i%10;                 //求个位
        b=i/10%10;              //求十位
        c=i/100%10;             //求百位
        if(a==3)                //个位是 3，k=1
            k++;
        if(b==2)                //十位是 2，k=2
            k++;
        if(c==1)                //百位是 1，k=3
            k++;
        if(k==1)                //根据 k 的值判定获奖等级
        {
            printf("三等奖%-5d",i);
            num++;
            k=0;
        }
        if(k==2)
        {
            printf("二等奖%-5d",i);
            num++;
            k=0;
        }
        if(k==3)
        {
            printf("一等奖%-5d",i);
            num++;
            k=0;
        }
        if(num==6)              //一行显示 6 个数字
        {
            printf("\n");
            num=0;
        }
```

```
        }
    }
```

程序运行结果如图 5-9 所示。

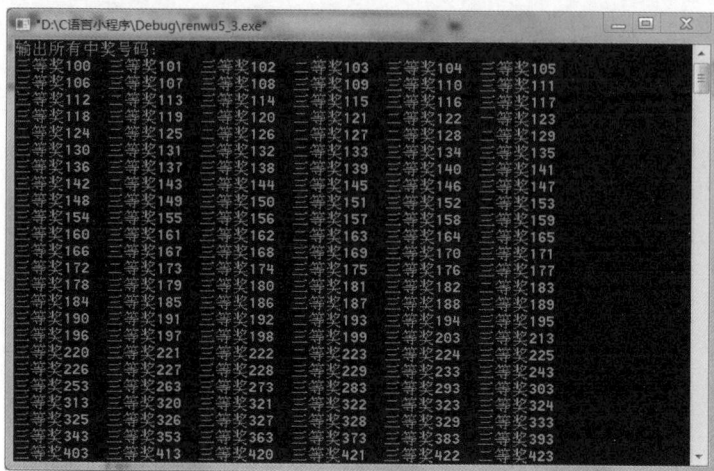

图5-9 任务3的运行结果

● 特别提示

① for 语句语法格式中的表达式 1 可以省略。但要注意省略表达式 1 时，其后的分号不能省略。示例如下。

```
i=1;
for (;i<=100;i++)
    sum=sum+i;
```

② 如果省略表达式 2，即表示表达式 2 始终为"真"，循环将无终止地进行下去（分号同样不能省略）。示例如下。

```
for (i=1;;i++)
    printf ("%d",i);
```

③ 如果省略表达式 3，也将产生一个无穷循环，因此，应另外设法保证循环能正常结束。可以将循环变量的修改部分（表达式 3）放在循环语句中控制。示例如下。

```
for (i=1;i<=100;)
    {
        printf ("%d",i);
        i++;
    }
```

④ 可以同时省略表达式 1 和表达式 3，即省略循环变量的初值和循环变量的修改部分，此时 for 语句完全等价于 while 语句。示例如下。

```
i=1;
for (;i<=10;)
    {
        printf ("%d",i);
```

C语言程序设计任务驱动式教程（第4版）（微课版）

```
        i++;
    }
```

任务4　经典九九乘法表——循环嵌套的运用

● 工作任务

"九九乘法表"是循环嵌套运用的一个典型。九九乘法表的经典程序给我们展示了程序设计的编程规范。编程是一个程序设计者的职责，好的程序必然有高品质的代码，高品质的代码就要求程序遵循规范，遵循规范的程序有较高的可读性和执行效率。很多软件出现的问题或者存在的隐患，都是早期没有注意程序的规范所致，故我们应培养良好的编程习惯，注重程序的规范性。

微课视频

循环嵌套的运用

"九九乘法表"是介绍十以内数字乘法的简单程序，"九九乘法表"的组成是一个9行9列的表格，行和列均从1变化到9，进行相乘运算获得乘积，如表5-1所示。

表5-1　九九乘法表

	1	2	3	4	5	6	7	8	9
1	1×1=1	2×1=2	3×1=3	4×1=4	5×1=5	6×1=6	7×1=7	8×1=8	9×1=9
2	1×2=2	2×2=4	3×2=6	4×2=8	5×2=10	6×2=12	7×2=14	8×2=16	9×2=18
3	1×3=3	2×3=6	3×3=9	4×3=12	5×3=15	6×3=18	7×3=21	8×3=24	9×3=27
4	1×4=4	2×4=8	3×4=12	4×4=16	5×4=20	6×4=24	7×4=28	8×4=32	9×4=36
5	1×5=5	2×5=10	3×5=15	4×5=20	5×5=25	6×5=30	7×5=35	8×5=40	9×5=45
6	1×6=6	2×6=12	3×6=18	4×6=24	5×6=30	6×6=36	7×6=42	8×6=48	9×6=54
7	1×7=7	2×7=14	3×7=21	4×7=28	5×7=35	6×7=42	7×7=49	8×7=56	9×7=63
8	1×8=8	2×8=16	3×8=24	4×8=32	5×8=40	6×8=48	7×8=56	8×8=64	9×8=72
9	1×9=9	2×9=18	3×9=27	4×9=36	5×9=45	6×9=54	7×9=63	8×9=72	9×9=81

● 思路指导

行：变量 i，i 从 1 到 9 循环变化。

列：变量 j，j 从 1 到 9 循环变化。

输出：j、i、i*j。

一行输出完毕换行，进行下一行的输出。

● 相关知识

循环嵌套

一个循环体内又包含另一个完整的循环结构，称为循环的嵌套。内嵌的循环中还可以嵌套循环，这就是多层循环。

3 种循环——while 循环、do-while 循环和 for 循环，可以互相嵌套。

● **任务实施**

1. 流程图

任务 4 的流程图如图 5-10 所示。

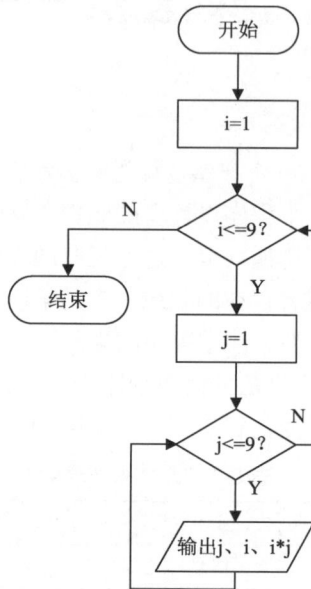

图5-10　任务4的流程图

C语言程序设计任务驱动式教程（第4版）（微课版）

2. 程序代码

```
#include <stdio.h>
void main()
{
    int i,j;
    printf("九九乘法表：\n");
    for (i=1;i<=9;i++) //外循环变量 i
    {
        for (j=1;j<=9;j++)//内循环变量 j
            printf("%d*%d=%-4d",j,i,i*j); //输出 i*j
        printf("\n");//输出换行
    }
}
```

程序运行结果如图 5-11 所示。

图5-11　任务4的运行结果

● **特别提示**

① 循环嵌套需要注意内、外循环的关系，如上述九九乘法表程序，先进入外循环执行，内循环执行完毕，执行输出换行，外循环执行一次完毕后进入下一次外循环的执行。

② 注意输出换行语句所在的位置，在外循环内与内循环并列。

任务 5　找朋友——break 语句的运用

● **工作任务**

在本任务中，我们设计一个找字母朋友的游戏，从键盘输入字符 ch，如果输入的 ch 是字母则输出找到的字母朋友 ch，如果输入的不是字母则结束游戏。

● **思路指导**

while 循环。

输入：输入字符。

处理：如果是字母朋友，输出找到的字母朋友并继续循环。

循环结束：如果输入的不是字母则结束循环。

● **相关知识**

1. break 语句

该语句可以使程序在运行中途跳出循环体，即强制结束循环，接着执行循环体的后续语句。

2. break 语句的语法格式

```
break;
```

例 5-4　求 100 之内（含 100）自然数中能被 7 整除的最大的数——break 语句的应用。

```c
#include <stdio.h>
void main()
{
    int i;
    for(i=100;i>=0;i--)
        if(i%7==0)
            break;
    printf("100 之内（含 100）自然数中能被 7 整除的最大的数是: %d\n",i);
}
```

● **任务实施**

1. 流程图

任务 5 的流程图如图 5-12 所示。

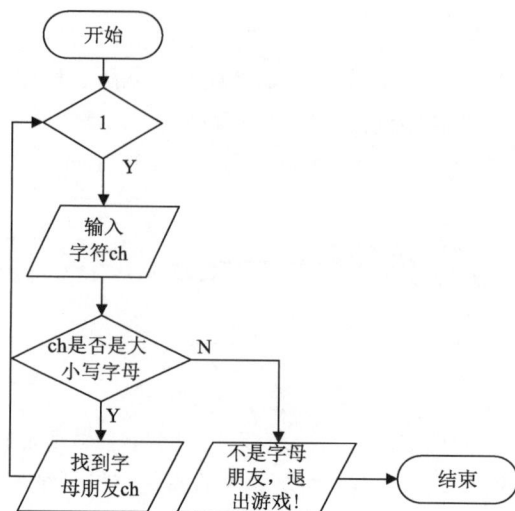

图5-12 任务5的流程图

2. 程序代码

```
#include <stdio.h>
void main()
{
    char ch;
    while (1) //循环
    {
        printf("请输入要找的朋友: ");
        ch=getchar();//输入字符
        getchar();
        if(ch>='a'&&ch<='z'||ch>='A'&&ch<='Z')  //判断是否是字母朋友
            printf("找到字母朋友%c\n",ch);
        else
        {
            printf("不是字母朋友,退出游戏!\n");//不是字母朋友，退出
            break;
        }
    }
}
```

程序运行结果如图 5-13 所示。

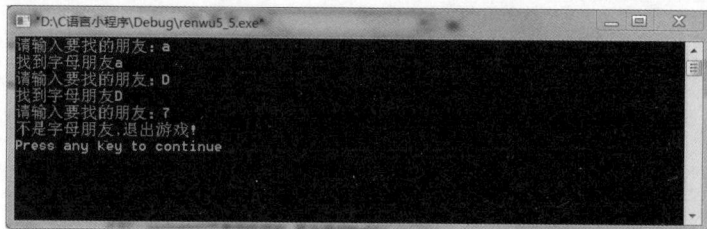

图5-13 任务5的运行结果

● **特别提示**

① while(1)是永久循环，即死循环。

② 如果输入的字符是字母朋友，则继续循环输入找下一个字母朋友。如果不是字母朋友，则用 break 语句强制结束循环。

任务6 猜数游戏——continue 语句的运用

● 工作任务

我们现在再玩一个猜数游戏：请给出一个初始整数，范围是 0～9，然后猜出 100 以内能被这个输入的数字整除且个位数也是这个数字的所有正整数，游戏结束。

微课视频

continue 语句
的运用

● 思路指导

输入初始数字：int n;。

for 循环：i 作为循环变量，初值为 0，终值为 9。

计算该数：j=i*10+n（i 取值范围是 0～9）。

条件判断：如果 j 不能被 n 整除，则继续循环；如果 j 能被 n 整除，则输出该数。

循环结束：输出"猜数完毕！"。

● 相关知识

1. continue 语句

结束本次循环，即不再执行循环体中 continue 语句下面尚未执行的语句，而进行下一次是否执行循环的判定。

2. continue 语句的语法格式

```
continue;
```

● 任务实施

1. 流程图

任务 6 的流程图如图 5-14 所示。

图5-14 任务6的流程图

2. 程序代码

```c
#include <stdio.h>
void main()
{
    int n,i,j;
    printf("********************猜数游戏********************\n");
    printf("请输入初始数字 1～9：");
    scanf("%d",&n); //输入初始数字 n
    printf("请猜出 100 以内能被%d 整除且个位数也是%d 的所有正整数：\n",n,n);
    for(i=0;i<=9;i++)//循环变量 i 作为十位数
    {
        j=i*10+n; //求得个位是 n 的两位数
```

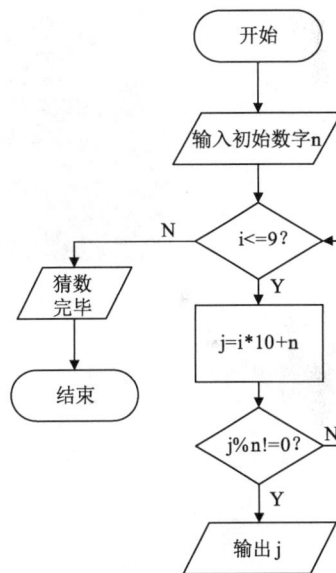

```
        if(j%n!=0)  //判断该两位数是否能被 n 整除
            continue;
        printf("%d\n",j);
    }
    printf("猜数完毕!");
}
```

程序运行结果如图 5-15 所示。

● **特别提示**

① 因为猜出的正整数的个位数是 4，所以将十位数作为循环变量。

② 在循环体中先计算出要猜的正整数，然后判断该正整数是否能被 4 整除，不能整除用
continue 语句猜下一个正整数，不用执行本次循环的输出语句。

③ 请思考如果玩家想重复猜数怎么办？提示：使用循环嵌套完成。

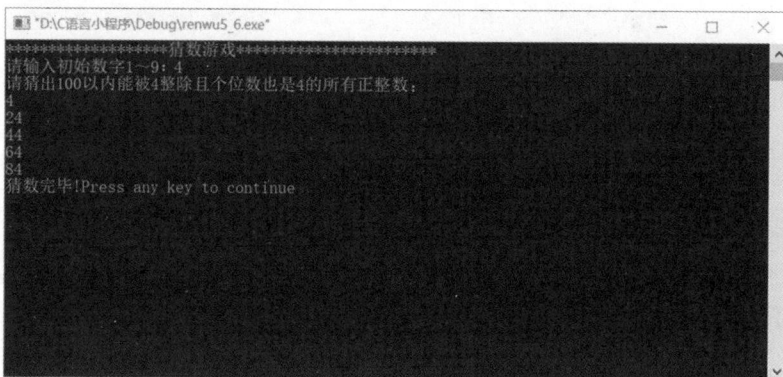

图5-15 任务6的运行结果

拓展与提高

1. 简化九九乘法表

在任务 4 中我们输出的是满九九乘法表的形式，但我们常见的是表 5-2 所示的简化九九乘
法表。

表5-2 简化九九乘法表

	1	2	3	4	5	6	7	8	9
1	1×1=1								
2	1×2=2	2×2=4							
3	1×3=3	2×3=6	3×3=9						
4	1×4=4	2×4=8	3×4=12	4×4=16					
5	1×5=5	2×5=10	3×5=15	4×5=20	5×5=25				
6	1×6=6	2×6=12	3×6=18	4×6=24	5×6=30	6×6=36			
7	1×7=7	2×7=14	3×7=21	4×7=28	5×7=35	6×7=42	7×7=49		
8	1×8=8	2×8=16	3×8=24	4×8=32	5×8=40	6×8=48	7×8=56	8×8=64	
9	1×9=9	2×9=18	3×9=27	4×9=36	5×9=45	6×9=54	7×9=63	8×9=72	9×9=81

例 5-5 输出简化九九乘法表。

```c
#include <stdio.h>
void main ()
{
    int i, j;
    printf("简化九九乘法表：\n");
    for (i=1;i<=9;i++)
    {
        for (j=1;j<=i;j++)
            printf ("%d*%d=%-4d",j,i,i*j);
        printf ("\n");
    }
}
```

程序运行结果如图 5-16 所示。

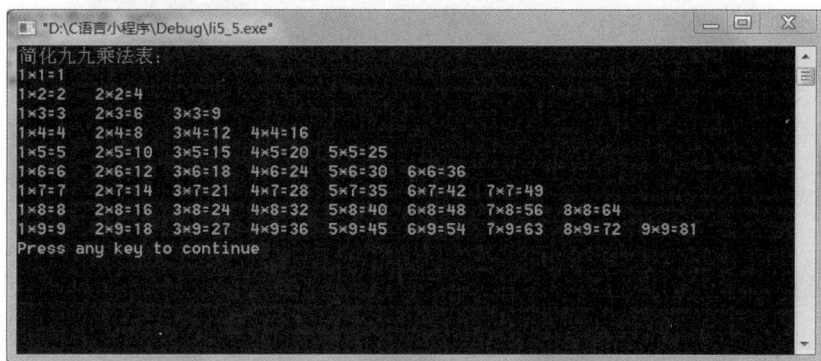

图5-16 简化九九乘法表的运行结果

2. 输出公元 1—3000 年的所有闰年

闰年是能被 4 整除同时不能被 100 整除的年份，或者能被 400 整除的年份，具体如下。

```c
if((((year%4 == 0)&&(year%100 != 0)) || (year%400 == 0))
```

例 5-6 输出公元 1—3000 年的所有闰年。

```c
#include <stdio.h>
void main()
{
    int year,i=0;
    printf("公元 1—3000 年的所有闰年：\n");
    for(year=1;year<=3000;year++)
    {
        if((((year%4 == 0)&&(year%100 != 0))||(year%400 == 0))
        {
            printf("%-5d",year);
            i++;
        }
        if(i==6)
```

```
        {
            printf("\n");
            i=0;
        }
    }
}
```

程序运行结果（部分）如图 5-17 所示。

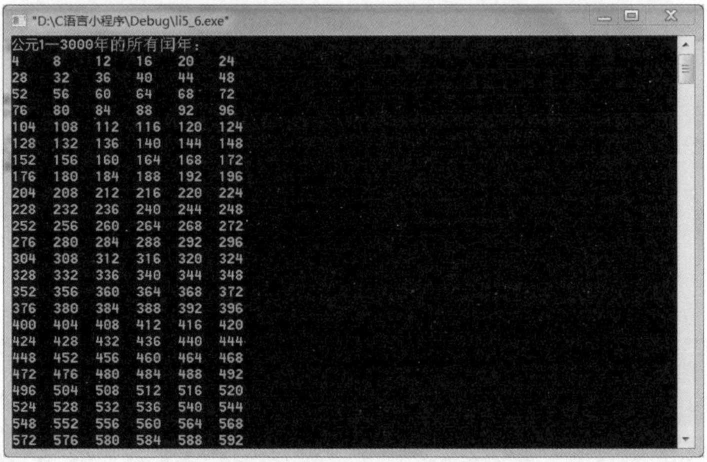

图5-17 输出闰年的运行结果（部分）

单元小结

本单元重点介绍了循环结构的用法，并结合几个任务介绍和分析了 3 种基本循环结构语句 while、do-while、for 的用法。同时介绍了两种循环控制语句 break 和 continue，讲解了这两种语句的用法与区别。通过本单元的学习，读者应能够了解循环结构程序设计的特点和一般规律。

思考与训练

1. 讨论题

3 种循环结构语句分别适用于什么情况的循环，比如固定次数的循环和不固定次数的循环等。

2. 选择题

（1）以下程序段是（   ）。

```
x=-1;
do
    {
        x=x*x;
    }
    while(!x);
```

    A. 死循环   B. 循环执行两次   C. 循环执行一次   D. 有语法错误

（2）执行语句 for(i=1;i++<4;); 后，变量 i 的值是（　　　）。

    A. 3　　　　　　　　B. 0　　　　　　　　C. 5　　　　　　　　D. 不定

（3）循环语句 for(x=0,y=0;(y!=123)||(x<4);x++);的循环次数为（　　　）。

    A. 无限次　　　　　B. 不确定次数　　　　C. 4 次　　　　　　D. 3 次

（4）假定 a 和 b 为整型变量，则执行以下语句后 b 的值为（　　　）。

```
a=1;b=10;
do
  {
    b-=a;
    a++;
  }while (b--<0);
```

    A. 9　　　　　　　　B. −2　　　　　　　C. −1　　　　　　　D. 8

（5）C 语言中 while 循环和 do-while 循环的主要区别是（　　　）。

    A. do-while 循环的循环体至少无条件执行一次

    B. while 循环的循环控制条件比 do-while 的循环控制条件严格

    C. do-while 循环允许从外部转到循环体内

    D. do-while 循环的循环体不能为复合语句

（6）以下描述正确的是（　　　）。

    A. continue 语句的作用是结束整个循环的执行

    B. 只能在循环体内和 switch 语句体内使用 break 语句

    C. 循环体内 break 语句和 continue 语句的作用相同

    D. 从多层循环嵌套中退出时，只能用 goto 语句

3. 分析程序并上机操作解答

（1）以下循环体的执行次数是多少？

```c
#include <stdio.h>
void main()
{
    int i,j;
    for (i=0,j=1; i<=j+1; i+=2,j--)
    printf("%d\n",i);
}
```

（2）以下程序的执行结果是什么？

```c
#include <stdio.h>
void main()
{
    int s,i;
    for(s=0,i=1; i<3; i++,s+=i);
    printf("%d\n",s);
}
```

（3）以下程序的执行结果是什么？

```
#include <stdio.h>
void main()
{
    int y=10;
    while(y--);
    printf("y=%d\n",y);
}
```

4．填空题

（1）以下程序的功能是计算 1+12+123+1234+12345，请填空。

```
#include <stdio.h>
void main()
{
    int t= 0,s=0,i;
    for (i=1;i<=5;i++)
    {
        t=i+_____;
        s=s+t;
    }
    printf("s=%d\n",s);
}
```

（2）以下程序的功能是计算自然数 1～10 的偶数和，请填空。

```
#include <stdio.h>
void main()
{
int i,s=0;
for(i=1;i<=10;i+=2)
    _____;
printf("%d\n",s);
}
```

5．编程题

（1）判断字符类型，直到输入"#"结束。

（2）循环输入年份和月份，输出该月份的天数，直到年份输入 0 结束。

（3）请将第 4 单元的小型计算器程序改为循环程序。

（4）尝试将第 4 单元的选择结构程序改为循环结构程序。

（5）编写程序，输出以下图案。

```
*
* *
* * *
* * * *
```

第6单元

数组

问题引入

在程序里，我们会经常存储一些相同类型的数据。例如，我们输入一个班 10 名同学某门课程的成绩，并且计算总分和平均分。如果不需要记录同学的成绩，只计算总分和平均分，那么用循环进行 10 次求和并且最后求平均分即可。但是如果我们需要输入同学成绩并存储，然后输出每个人的成绩，按照以前的编程方法，要给每个同学定义成绩变量，如果一个班有 50 名同学，这样就太烦琐了。通过分析我们可以看出，所有变量的类型都一样，不一样的是数值。因此，我们可以把这些成绩都组织在一起，定义一组相同类型的变量存储不同的成绩。

数组是相同类型数据的有序集合，即数组由若干数组元素组成，其中所有数组元素都属于同一个数据类型，且它们的先后顺序是确定的。数组中的元素称为数组元素，也称为下标变量。本单元将分别介绍常用的一维数组和二维数组及其使用方法，通过本单元的学习，读者应掌握利用数组解决实际问题的方法。

知识目标

1. 了解数组的概念
2. 掌握一维数组的定义与引用
3. 掌握二维数组的定义与引用
4. 了解字符数组与字符串

技能目标

1. 能够定义一维数组，进行数组元素的引用
2. 能够定义二维数组，进行数组元素的引用
3. 能够定义字符数组
4. 能够区分字符串和字符数组

任务 1　学生成绩存储——一维数组的定义与输入、输出

用数组表示和处理同类型、有规律的数据要比使用基本数据类型简单和方便得多。数组通常可以分为一维数组、二维数组和多维数组。

● **工作任务**

计算机编程主要是为了解决一些实际问题，让日常的工作和学习能够更高效。下面通过编程输入并存储一个班 10 名同学的某门课程成绩，然后输出每名同学的成绩。

● **思路指导**

定义数组：scr[10]。

输入：循环输入、存储每个数组元素。

输出：循环输出每个数组元素。

● **相关知识**

（一）一维数组的定义

1. 一维数组定义格式

定义一维数组的格式如下。

类型说明符　数组名 [整型常量表达式]；

例如，int scr[10];定义了一个一维数组，数组名为 scr，数组元素的个数为 10，数组元素的类型为整型，可用的下标范围为 0~9。

2. 一维数组说明

① 类型说明符：是指数组元素的类型，可以是基本数据类型，也可以是构造数据类型。类型说明符确定了每个数组元素占用的内存字节数，如整型占 4 个字节，实型占 8 个字节，双精度占 16 个字节，字符型占 1 个字节。本任务中的数组元素是整型，每个数组元素占 4 个字节，因为有 10 个数组元素，所以数组 scr 占 40 个字节。

② 数组名：数组的命名遵循标识符的命名规则。本例中数组名为 scr。

③ 整型常量表达式：用于表示数组元素的个数（数组的长度）。声明数组时，下标可以是整型常量或符号常量，不允许是变量。整型常量表达式在表示数组元素个数的同时也确定了数组元素下标的范围，即 0~整型常量表达式-1。

（二）一维数组元素的引用

数组必须先定义，然后使用。C 语言规定只能逐个引用数组元素而不能一次引用整个数组。

数组元素引用形式如下。

数组名 [下标]

数组元素下标可以是整型常量或整型常量表达式，其类型也可以是字符型，因为字符型可以自动转换为整型，但不可以是实型。

● **任务实施**

1. 流程图

任务 1 的流程图如图 6-1 所示。

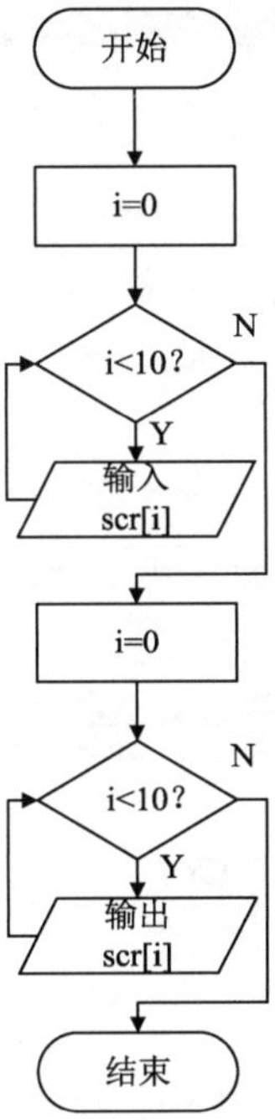

图6-1　任务1的流程图

2. 程序代码

```c
#include <stdio.h>
void main()
{
    int scr[10],i;            //定义成绩数组 scr
    for(i=0;i<10;i++)          //循环输入成绩
    {
        printf("请输入第%d 位同学的成绩",i+1);
        scanf("%d",&scr[i]);  //输入数组元素的值
    }
    printf("10 名同学的成绩：");
    for(i=0;i<10;i++)          //循环输出成绩
        printf("%-4d",scr[i]);
}
```

程序运行结果如图 6-2 所示。

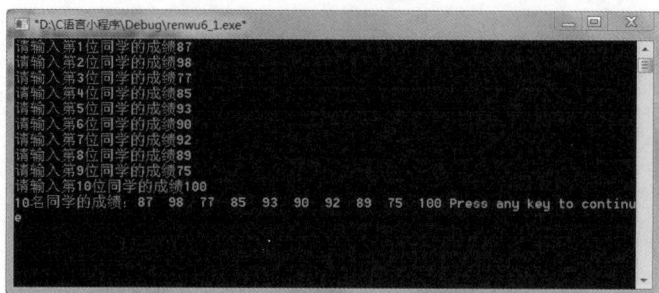

图6-2 任务1的运行结果

● **特别提示**

① 在同一个类型说明语句中可以同时定义多个数组，例如 int a[10],b[10];。

② 每个数组元素占用一个存储单元，数组的输入、输出、计算是对单个数组元素进行的。

③ 数组元素的下标可以是表达式。

④ 编译系统为数组分配了一片连续的存储空间。

⑤ C语言规定，数组名是数组的首地址，即 a 与 &a[0]等价。

任务 2 学生成绩计算与查找最值——数组元素的引用

● **工作任务**

最值问题是普遍的应用类问题，在任务1中，我们进行了全班10名同学成绩的存储，在本任务中我们将在存储成绩的同时计算全班10名同学的总分和平均分，并且查找最大值和最小值。

微课视频

数组元素的引用

● **思路指导**

定义数组：int scr[10]。

输入：循环输入每个数组元素。

计算：求和 sum，求平均分 ave。

查找：查找最大值 max 和最小值 min。

输出：循环输出每个数组元素，以及全班总分和平均分。

● **相关知识**

可以用赋值语句或输入语句使每个数组元素得到对应的值，但这会占用运行时间。可以使数组在运行之前初始化，即在编译阶段使之得到初值。

1. 在定义数组时给数组元素赋初值

例如 int a[10]={0,1,2,3,4,5,6,7,8,9};。

将数组元素的初值依次放在一对花括号内。经过上面的定义和初始化之后，a[0]=0、a[1]=1、a[2]=2、a[3]=3、a[4]=4、a[5]=5、a[6]=6、a[7]=7、a[8]=8、a[9]=9。

2. 只给一部分数组元素赋初值

例如 int a[10] = {0,1,2,3,4};。

a 数组有 10 个数组元素，但花括号内只提供 5 个初值，这表示只给前面 5 个数组元素赋初值，后 5 个数组元素的值为 0。

3. 给一个数组中全部数组元素赋初值 0

```
int a[10]={0};//即 a[0]~a[9]都被赋初值 0
```

其实，对全局数组不赋初值（变量作用域将在第 7 单元中介绍），编译系统会对所有数组元素自动赋初值 0。

4. 对全部数组元素赋初值时省略数组长度

例如 int a[] = {1,2,3,4,5};。

花括号中有 5 个数，编译系统会据此自动定义 a 数组的长度为 5。但若被定义的数组长度与提供的初值个数不相同，则数组长度不能省略。本例若想定义数组长度为 10，就不能省略数组长度的定义，而必须写成以下形式。

```
int a[10]={1,2,3,4,5};
```

即只初始化前 5 个数组元素，后 5 个数组元素值为 0。

● 任务实施

1. 流程图

任务 2 的流程图如图 6-3 所示。

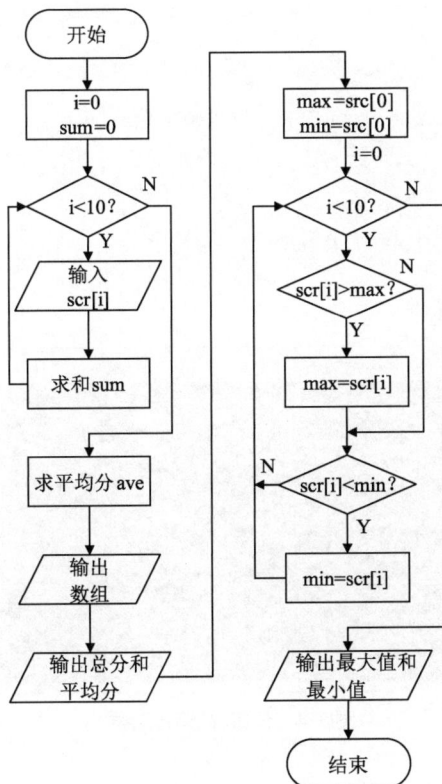

图6-3 任务2的流程图

2. 程序代码

```c
#include <stdio.h>
void main()
{
    int scr[10], i,sum=0,max,min;
                        //定义成绩数组scr、循环变量i、总分sum、最大值max、最小值min
    float ave;
    for(i=0;i<10;i++)                //循环输入成绩并求和
    {
        printf("请输入第%d个数组元素的值",i+1);
        scanf("%d",&scr[i]);         //输入数组元素的值
        sum=sum+scr[i];              //数组元素求和
    }
    ave=sum/10.0;                    //求平均值
    for(i=0;i<10;i++)
    {
        printf("%-4d",scr[i]);
    }
    printf("\n");
    printf("数组元素的和是%d,平均值是%.2f\n",sum,ave);
    max=min=scr[0];
    for(i=1;i<10;i++)
    {
        if(scr[i]>max) max=scr[i];   //求最大值
        if(scr[i]<min) min=scr[i];   //求最小值
    }
    printf("最大值%d,最小值%d\n",max,min);
}
```

程序运行结果如图 6-4 所示。

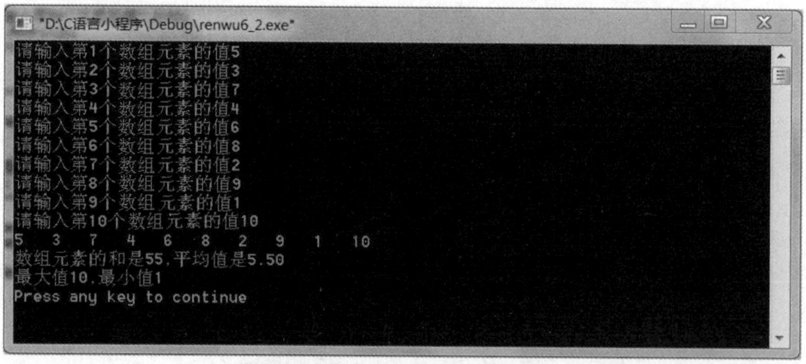

图6-4 任务2的运行结果

● **特别指示**

数组元素的初始化可以完成存储数组元素值的任务，但是这是在程序的开始就把数组元素值固定下来了，而用输入数组元素的方法给数组赋值更加灵活。

任务3　学生成绩排序——数组的应用

● **工作任务**

微课视频

数组的应用

日常生活中有很多排序问题，在管理班级成绩时，通常会对成绩进行排序。数组排序的常见方法有交换排序、插入排序、选择排序等，本任务采用交换排序的方法完成 10 个学生成绩从高到低的排序并输出排序结果。

● **思路指导**

输入：循环输入数组元素的值。

排序：采用交换排序的方法进行排序，即采用逐个比较的方法进行排序。在第 i 次循环时，把第一个数组元素的下标 i 赋予 p，而把该下标变量对应的数组元素的值 a[i] 赋予 q。然后进入内循环，从 a[i+1]（a[j]）起到最后一个数组元素为止逐个与 a[i] 进行比较，有比 a[i] 大者则将其下标赋予 p，将数组元素的值赋予 q。一次循环结束后，p 即为最大数组元素的下标，q 则为该数组元素值。若此时 i!=p，则说明 p、q 值均已不是进入内循环之前所赋之值，则交换 a[i] 和 a[p] 之值。

输出：循环输出排序后数组元素的值。

本任务的排序过程如表 6-1 所示。

表6-1　数组a[10]从大到小的排序过程

初始	1次排序	2次排序	3次排序	4次排序	5次排序	6次排序	7次排序	8次排序	9次排序
95	100	100	100	100	100	100	100	100	100
93	93	96	96	96	96	96	96	96	96
91	91	91	95	95	95	95	95	95	95
96	95	95	91	93	93	93	93	93	93
86	86	86	86	86	91	91	91	91	91
84	84	84	84	84	84	90	90	90	90
90	90	90	90	90	86	86	86	86	86
85	85	85	85	85	85	85	85	85	85
77	77	77	77	77	77	77	77	84	84
100	96	93	93	91	90	84	84	77	77

● **任务实施**

1. 流程图

任务 3 的流程图如图 6-5 所示。

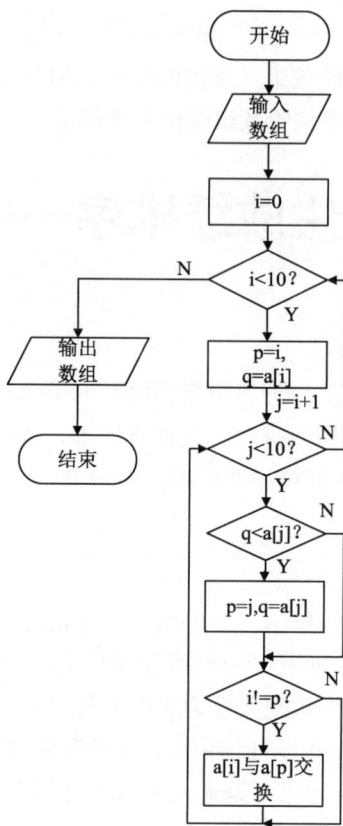

图6-5 任务3的流程图

2. 程序代码

```
#include <stdio.h>
void main()
{
    int i,j,p,q,s,a[10];
    printf("请输入 10 个学生的成绩：\n");
    for(i=0;i<10;i++)                 //循环输入成绩
        scanf("%d",&a[i]);
    for(i=0;i<10;i++)                 //外循环
    {
        p=i;
        q=a[i];
        for(j=i+1;j<10;j++)           //内循环逐个与外循环确定的数组元素比较
            if(q<a[j])                //比外循环的数组元素大就交换
            {
                p=j;
                q=a[j];
            }
        if(i!=p)
        {
            s=a[i];
            a[i]=a[p];
```

C 语言程序设计任务驱动式教程（第2版）（微课版）

```
            a[p]=s;
        }
    }
    printf("成绩排序为: \n");
    for(i=0;i<10;i++)                    //循环输出成绩
        printf("%-4d",a[i]);
    printf("\n");
}
```

程序运行结果如图 6-6 所示。

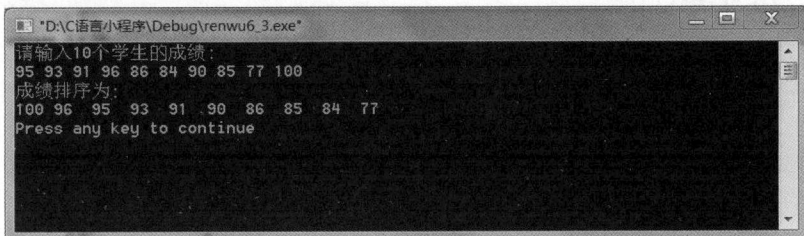

图6-6 任务3的运行结果

● **特别提示**

在本任务中，嵌套 for 语句的外循环用于控制比较的次数，内循环则用于通过一次比较找到最大值并将其与本次外循环对应的数组元素交换。

任务 4 多门课程学生成绩的存储——二维数组的定义与输入、输出

微课视频

二维数组的
定义与输入输出

● **工作任务**

我们在实际的成绩管理中还会遇到这样的情况，如一个小组有 5 名同学，要分别存储 5 名同学的 3 门课程成绩，成绩如表 6-2 所示。

表 6-2 5 名同学的 3 门课程成绩

姓名	代数	C 语言	数据库
王一	80	75	92
李二	61	65	71
赵三	59	63	70
张四	85	87	90
周五	76	77	85

在数学上，用矩阵表示纵横排列的二维数据表格，矩阵最早来自方程组的系数及常数所构成的方阵。这一概念由 19 世纪英国的一位数学家首先提出。矩阵概念在生产实践中也有许多应用。在物理学中，矩阵在电路学、力学、光学和量子物理中都有应用；在计算机科学中，三维动画制作也需要用到矩阵；在天体物理、量子力学等领域，也会出现无穷维的矩阵。

● **思路指导**

输入：双重循环输入并存储每名同学的各门课程成绩。

输出：双重循环输出每名同学各门课程的成绩。

● **相关知识**

（一）二维数组的定义

1. 二维数组定义格式

定义二维数组的格式如下。

类型说明符 数组名[整型常量表达式1][整型常量表达式 2]；

示例如下。

```
int a[3][4];
```

以上定义了 a 为 3×4（3 行 4 列）的整型数组。该数组有 12 个数组元素，分别如下。

a[0][0]	a[0][1]	a[0][2]	a[0][3]
a[1][0]	a[1][1]	a[1][2]	a[1][3]
a[2][0]	a[2][1]	a[2][2]	a[2][3]

2. 二维数组说明

① 类型说明符、数组名、整型常量表达式的意义与一维数组相同。

② 二维数组中元素是按行存放的，即内存中先顺序存放第一行的元素，再存放第二行的元素，以此类推。

③ 可以把二维数组看成特殊的一维数组，它的每行又是一个一维数组。

（二）二维数组元素的引用

二维数组元素引用格式如下。

数组名[下标1][下标2]

其中下标可以是整型常量、整型变量或整型表达式。

● **任务实施**

本任务我们定义一个二维整型数组：int scr[5][3];。

数组元素是按行顺序存储在内存中的，如表 6-3 所示。

表6-3　数组scr[5][3]

scr[0][0]	scr[0][1]	scr[0][2]	scr[1][0]	scr[1][1]	scr[1][2]	……	scr[4][0]	scr[4][1]	scr[4][2]

把这些数组元素排成矩形看起来更直观，如表 6-4 所示。

表6-4　二维数组矩形表示

scr[0] [0]	scr[0] [1]	scr[0] [2]
scr[1] [0]	scr[1] [1]	scr[1] [2]
scr[2] [0]	scr[2] [1]	scr[2] [2]
scr[3] [0]	scr[3] [1]	scr[3] [2]
scr[4] [0]	scr[4] [1]	scr[4] [2]

表 6-4 说明我们可以将二维数组看成一个一维数组，每行都是一个一维数组。二维数组 scr 就是 5 个数组元素的一维数组，每个数组元素又含有 3 个整型数组元素。分配给每个数组元素的内存空间和一维数组一样，由数组元素的类型决定。

1. 流程图

任务 4 的流程图如图 6-7 所示。

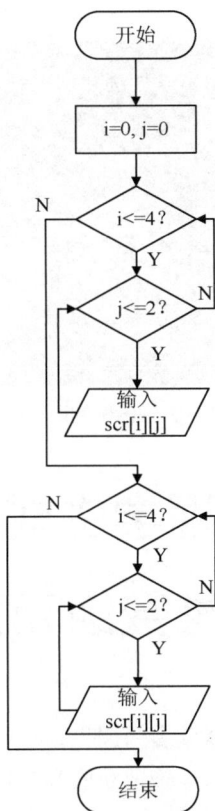

图6-7　任务4的流程图

2. 程序代码

```
#include <stdio.h>
void main()
{
    int scr[5][3];
    int i,j;
    printf("请输入5行3列的值：\n");
    for(i=0;i<=4;i++)//按行输入scr数组中的数组元素
        for(j=0;j<=2;j++)
            scanf("%5d",&scr[i][j]);
    printf("\n");
    printf("输出5行3列的值：\n");
    for(i=0;i<=4;i++)//按行输出scr数组中的数组元素
    {
```

```
        for(j=0;j<=2;j++)
            printf("%5d",scr[i][j]);
        printf("\n");
    }
}
```

程序运行结果如图 6-8 所示。

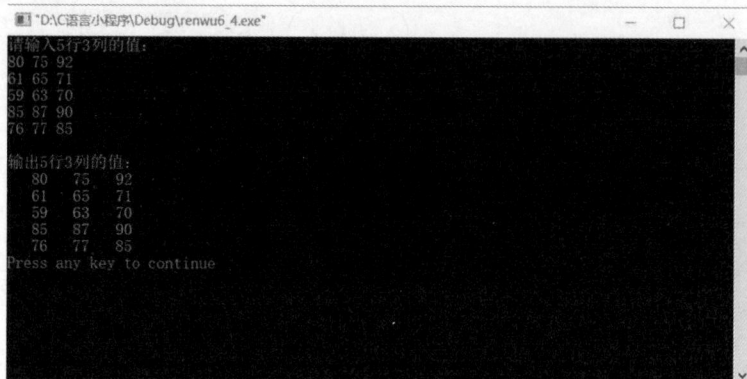

图6-8　任务4的运行结果

任务 5　多门课程学生成绩计算与查找最值 ——二维数组元素的引用

● **工作任务**

在现代教育体系中，学生往往需要修读多门课程，每门课程都有相应的成绩记录。为了便于学生、教师和管理人员快速准确地获取和分析学生的成绩信息，开发一个能够计算和查找多门课程成绩的系统显得尤为重要。本任务将通过编程实现计算全组 5 名同学中每名同学的总分、平均分并找出每名同学 3 科中的最高分。

微课视频

二维数组元素的引用

● **思路指导**

输入：双重循环输入每名同学的各科成绩 int scr[5][3]。

计算输出：输出每名同学的总分 int sum[5]、平均分 int ave[5]并找出每名同学 3 科中的最高分 int max[5]。

● **相关知识**

给二维数组元素赋值。

二维数组也可以在定义时给指定数组元素赋初值。

1. 数组按行分段赋值

将所有数组元素的初值写在一个花括号内，并分组书写，每组也用花括号标注。

示例如下。

```
int a[3][4]={{1,2,3,4},{5,6,7,8},{9,10,11,12}};
```

2. 给各数组元素赋值

将所有数组元素的初值写在一个花括号内，按数组元素的排列顺序给各个数组元素赋初值。示例如下。

```
int a[3][4]={1,2,3,4,5,6,7,8,9,10,11,12};
```

3. 给部分数组元素赋初值

将部分数组元素的初值写在一个花括号内，并分组书写，每组用花括号标注。

示例 1 如下。

```
int a[3][4]={{1},{5,6},{9}};
```

示例 2 如下。

```
int a[3][4]={{1,2},{ },{0,10}};
```

示例 2 的作用是使 a[0][0]=1、a[0][1]=2、a[2][1]=10，数组中其他数组元素都为 0。

4. 数组长度

如果给全部数组元素都赋初值，则定义数组时可以不指定数组的第一维长度，但第二维长度不能省略。

若有定义 int a[3][4]={1,2,3,4,5,6,7,8,9,10,11,12};，则此定义也可以写成 int a[ ][4]={1,2,3,4,5,6,7,8,9,10,11,12};。

● 任务实施

1. 流程图

任务 5 的流程图如图 6-9 所示。

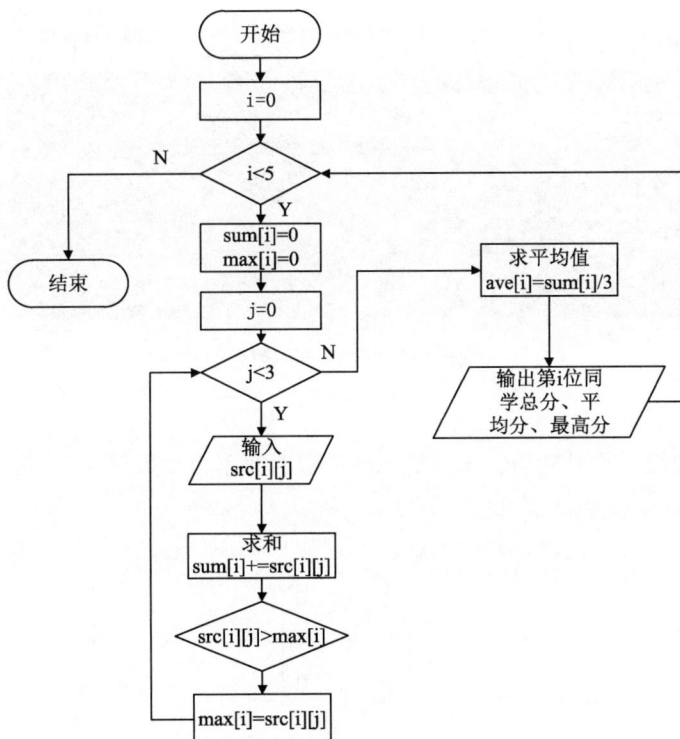

图6-9　任务5的流程图

2. 程序代码

```c
#include <stdio.h>
void main()
{
    int i,j,sum[5],ave[5],acr[5][3],max[5];
    printf("input score\n");
    for(i=0;i<5;i++)//按行输入成绩、求总分、求最高分
    {
        sum[i]=0;
        max[i]=0;
        for(j=0;j<3;j++)
        {
            scanf("%d",&scr[i][j]);
            sum[i]=sum[i]+scr[i][j];
            if (scr[i][j]>max[i])
                max[i]=scr[i][j];
        }
        ave[i]=sum[i]/3;
            printf("第%d位同学：总分%d平均分%d最高分%d\n",i+1,sum[i],ave[i],max[i]);
    }
}
```

程序运行结果如图 6-10 所示。

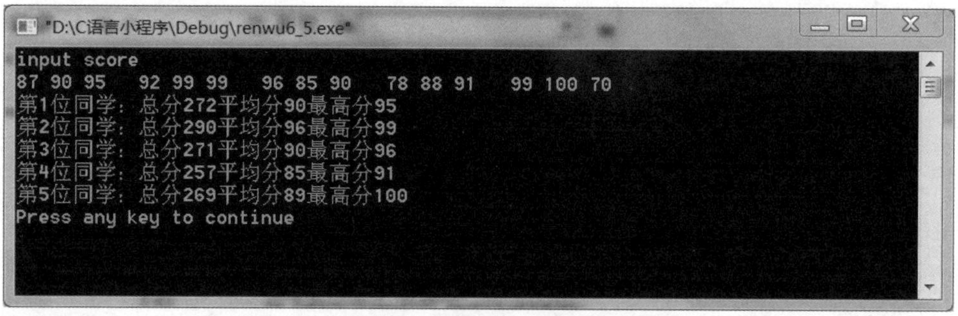

图6-10　任务5的运行结果

● 特别提示

可以只给部分数组元素赋初值，未被赋初值的数组元素自动取值为 0，示例如下。

```c
int a[3][3]={{2},{5},{7}};
```

只给每一行的第一列赋初值，其余的数组元素为 0，初始化后的数组元素如下。

$$\begin{pmatrix} 2 & 0 & 0 \\ 5 & 0 & 0 \\ 7 & 0 & 0 \end{pmatrix}$$

任务 6　　密码加密——字符数组、字符串

● **工作任务**

随着信息技术的快速发展，数据安全与隐私保护变得日益重要。密码加密作为保障数据安全的关键技术之一，早在古希腊与波斯帝国的战争中就被用于传递秘密消息，在近代和现代战争中也常用密码传递报文。随着计算机和信息技术的发展，密码技术的发展也非常迅速，应用领域不断拓展。密码技术除了用于信息加密，也用于数据信息签名和安全认证。在我国，密码技术的应用也越来越广泛，比如应用在电子商务中，对网上交易双方的身份和商业信用进行识别，防止电子商务中的欺诈行为；应用于银行支票鉴别中，可以大大降低金融诈骗的风险；应用于个人移动通信中，增强通信信息的保密性以维护个人隐私权等。

我们的日常生活中有许多涉及密码的事物，如银行卡、门禁卡等。为了对密码进行保护，通常会为该密码进行再加密变化存储。本任务通过编程实现从键盘上输入一串字符作为密码，对其进行加密变化，规则是将其中的小写字母转换成大写字母并输出。

● **思路指导**

输入：一串字符。

加密变化：将其中的小写字母转换成大写字母。

输出：输出加密后的密码。

● **相关知识**

（一）字符数组的定义

1. 一维字符数组

定义一维字符数组的格式如下。

> 类型说明符　数组名 [整型常量表达式]；

例如，char str[10];定义了 str 为一维字符数组，该数组包含 10 个数组元素，最多可以存放 10 个字符型数据。

2. 二维字符数组

定义二维字符数组的格式如下。

> 类型说明符　数组名 [整型常量表达式 1] [整型常量表达式 2]；

例如，char a[3][20];定义了 a 为二维字符数组，该数组有 3 行，每行 20 列，该数组最多可以存放 60 个字符型数据。

（二）字符数组初始化

字符数组的初始化方式与其他类型数组的初始化方式类似。

1. 逐个给数组元素赋初值

示例如下。

```
char s[5]={'H', 'e', 'l', 'l', 'o'};
```

2. 个数不匹配之一

如果初值的个数多于数组元素的个数，则按语法错误处理。

3. 个数不匹配之二

如果初值的个数少于数组元素的个数，则编译系统自动将未被赋初值的数组元素定为空字符（ASCII 值为 0 的字符：'\0'）。

4. 确定数组长度

如果省略数组的长度，则编译系统会自动根据初值的个数来确定数组的长度。

示例如下。

```
char c[]={'H', 'o', 'w',' ', 'a', 'r', 'e',' ', 'y', 'o', 'u', '?'};
```

数组 c 的长度自动设定为 12。

（三）字符串

1. 字符串的定义

字符串是用双引号标注的一串字符。

编译系统在处理字符串时，一般会在其末尾自动添加一个'\0'作为结束符。

2. 字符串初始化

C 语言允许用字符串常量给数组赋初值，即进行数组初始化。

例如 char c[ ]={"student"};。

也可以省略花括号而直接写成：char c[ ]= "student";。

请注意此时字符数组的长度。

字符串可以整体输入或输出，即用%s 格式控制字符串控制字符串的输入与输出。

3. 字符串格式说明

① 用%s 格式控制字符串输入字符串时，scanf 函数中的地址项是数组名，不要在数组名前加取地址符号&，因为数组名本身就是地址。

② 用%s 格式控制字符串输出字符串时，printf 函数中的输出项是字符数组名，而不是数组元素。

③ 以 scanf("%s",数组名);形式输入字符串时，遇空格或回车都表示字符串结束，编译系统只是将第一个空格或回车前的字符置于数组中。

● 任务实施

1. 流程图

任务 6 的流程图如图 6-11 所示。

C 语言程序设计任务驱动式教程（第 4 版）（微课版）

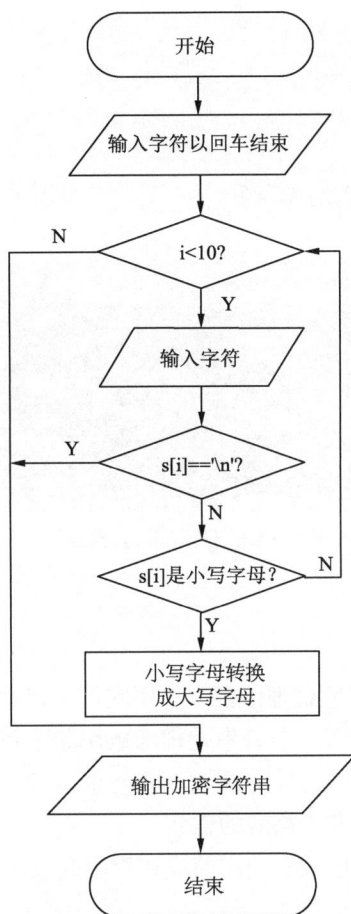

图6-11 任务6的流程图

2. 程序代码

```c
#include <stdio.h>
void main ()
{
    char s[10];
    int i=0;
    printf("请输入字符，以回车结束：\n");
    for (i=0;i<10;i++)              //循环输入字符数组元素然后加密
    {
        scanf ("%c", &s[i]);
        if (s[i]=='\n')
            break;
        else
            if (s[i]>= 'a'&&s[i]<= 'z')
                s[i]-=32;
    }
    s[i]='\0';                     //为字符数组加结束符变为字符串
```

```
    printf("加密后：\n");
    for (i=0;s[i]!='\0';i++)              //输出加密字符串
        printf ("%c", s[i]);
    printf ("\n");
}
```

程序运行结果如图 6-12 所示。

图6-12　任务6的运行结果

C语言程序设计任务驱动式教程（第4版）（微课版）

拓展与提高

　　C 语言的库函数包括一些字符串处理函数，使用它们可以很方便地处理字符串，如输入、输出、复制、连接、比较、测试长度等。字符串处理函数用起来很方便，但需要记清它们的名字和用法，并且能够灵活、创新地应用。一定不要放过一些细节，一定要多思考使用方法，一定要多写代码、多调试程序，追求更完善和更高效的程序。

　　用于输入和输出的字符串处理函数在使用前应在程序开头包含头文件 stdio.h，使用其他字符串处理函数则应包含头文件 string.h。

（一）字符串输出函数

格式：puts(字符数组名)。

功能：将一个字符串输出到终端，字符串中可以包含转义字符。

例 6-1　用字符串输出函数输出字符串。

```
#include <stdio.h>
void main()
{
    char s[ ]= "Hello\nBeijing";
    puts(s);
}
```

输出结果如下。

```
Hello
Beijing
```

（二）字符串输入函数

格式：gets(字符数组名)。

功能：从终端输入一个字符串到字符数组。该函数可以输入空格，遇回车结束输入。

例6-2 用字符串输入、输出函数完成字符串的输入与输出。

```c
#include <stdio.h>
void main()
{
    char st[15];
    printf("input string:\n");
    gets(st);
    puts(st);
}
```

输入内容如下。

```
Hello Beijing
```

输出结果如下。

```
Hello Beijing
```

可以看出当输入的字符串中含有空格时，输出仍为全部字符串。这说明gets函数并不以空格作为字符串输入结束的标志，而只以回车作为输入结束的标志。这是gets函数与scanf函数不同的地方。

（三）字符串连接函数

格式：strcat(字符数组1,字符数组2)。

功能：将字符数组2中的字符串连接到字符数组1中字符串的后面，连接后的新字符串放在字符数组1中。

例6-3 用字符串连接函数将输入的字符串2连接到字符串1的末尾。

```c
#include <string.h>
#include <stdio.h>
void main()
{
    char st1[20]= "Beijing is in ";
    char st2[10];
    printf("input country:\n");
    gets(st2);
    strcat(st1,st2);
    puts(st1);
}
```

输入内容如下。

```
China
```

输出结果如下。

```
Beijing is in China
```

> 💬 使用strcat函数时，字符数组1应足够大，以便能容纳连接后的新字符串。
>
> **说明**

（四）字符串复制函数

格式：strcpy(字符数组 1,字符数组 2)。

功能：将字符数组 2 中的字符串复制到字符数组 1 中。字符串结束标志"\0"也一同复制。字符数组 2 也可以是一个字符串常量，这时相当于把一个字符串赋予一个字符数组。

例 6-4　用字符串复制函数将字符串 2 复制给字符串 1。

```
#include <string.h>
#include <stdio.h>
void main()
{
    char st1[15],st2[]="Hello Beijing";
    strcpy(st1,st2);
    printf("复制后 st1 字符串为: ");
    puts(st1);printf("\n");
}
```

输出结果如下。

```
复制后 st1 字符串为: Hello Beijing
```

说明
① 字符数组 1 的长度应大于或等于字符数组 2 的长度，以便容纳被复制的字符串。
② 字符数组 1 必须写成数组名的形式（如上面的 st1），字符数组 2 也可以是一个字符串常量。

（五）字符串比较函数

格式：strcmp(字符串 1,字符串 2)。

功能：比较两个字符串的大小，比较的结果由函数值返回。

比较结果如下。

① 如果字符串 1 等于字符串 2，函数值为 0。

② 如果字符串 1 大于字符串 2，函数值为一个正整数（第一个不相同字符的 ASCII 值之差）。

③ 如果字符串 1 小于字符串 2，函数值为一个负整数。

例 6-5　用字符串比较函数比较输入的字符串 1 和字符串 2，比较结果返回到 k 中，根据 k 的值输出比较结果。

```
#include <string.h>
#include <stdio.h>
void main()
{
    int k;
    char st1[15],st2[]="Hello Beijing";
    printf("输入一个字符串: \n");
    gets(st1);
    k=strcmp(st1,st2);
```

```
    if(k==0) printf("st1=st2\n");
    if(k>0) printf("st1>st2\n");
    if(k<0) printf("st1<st2\n");
}
```

输入内容如下。

Halloween

输出结果如下。

st1<st2

（六）字符串长度获取函数

格式：strlen(字符数组名)。

功能：获取字符串的长度，函数值为字符串中第一个'\0'前的字符的个数（不包括'\0'。

例6-6　用字符串长度获取函数求出字符串长度并输出。

```
#include <string.h>
#include <stdio.h>
void  main()
{
    int k;
    char st[]="Beijing is in China.";
    k=strlen(st);
    printf("字符串的长度是%d\n",k);
}
```

输出结果如下。

字符串的长度是 20

程序运行后 k 的值是 20。

单元小结

本单元主要介绍了数组这一特殊的数据结构。数组由数组元素构成，数组元素存储的数据应具有相同的类型，在计算机内存中占据连续的存储单元，占用内存大小由数组元素的个数和类型决定。

数组分为一维数组、二维数组和多维数组，在使用数组时应遵循"先定义、后使用"的原则。数组一般不能整体引用，要用不同的下标来访问数组元素，可以用循环语句很方便地访问数组元素。

数组元素是字符型的数组称为字符数组。字符串在计算机内存中一般以字符数组的形式存在，'\0'为字符串结束符，可以用字符串处理函数来进行字符串的连接、复制、比较等操作。

思考与训练

1. 选择题

（1）在 C 语言中，引用数组元素时，数组下标的数据类型允许是（　　　　）。

A. 整型常量   B. 整型表达式

C. 整型常量或整型表达式   D. 任意类型的表达式

（2）以下程序段执行后的输出结果是（   ）。

```
char str[]= "ab\n\\012\\\"";
printf("%d",strlen(str));
```

A. 1   B. 9   C. 7   D. 10

（3）判断字符串 s1 是否大于字符串 s2，应当使用（   ）。

A. if(s1>s2)   B. if(strcmp(s1,s2))

C. if(strcmp(s1,s2)>0)   D. 以上都不正确

（4）以下程序的输出结果是（   ）。

```
#include <stdio.h>
void main()
{
  int a[6],i;
  for(i=1;i<6;i++)
  {
    a[i]=9*(i-2+4*(i>3))%5;
    printf("%2d",a[i]);
  }
}
```

A. -40403   B. -40443   C. -40404   D. -40440

（5）以下说明语句正确的是（   ）。

A. int A[][]   B. int A['a']   C. int *A[10]   D. int A[]

（6）以下程序的输出结果是（   ）。

```
#include <stdio.h>
void main()
{
    int i,a[10];
    for(i=9;i>=0;i--)
       a[i]=10-i;
    printf("%d%d%d",a[2],a[5],a[8]);
}
```

A. 258   B. 741   C. 852   D. 369

（7）以下不能正确定义二维数组的是（   ）。

A. int a[2][2]={{1},{2}};   B. int a[][2]={1,2,3,4};

C. int a[2][2]={{1},2,3};   D. int a[2][]={{1,2},{3,4}};

（8）以下程序的输出结果是（   ）。

```
#include <stdio.h>
void main()
{
```

```
int a[3][3]={{1,2},{3,4},{5,6}},i,j,s=0;
for (i=1;i<3;i++)
for(j=0;j<=i;j++)
    s+=a[i][j];
printf("%d\n",s);
}
```

　　　A. 18　　　　　　　B. 19　　　　　C. 20　　　　　D. 21

（9）以下程序的输出结果是（　　　）。

```
#include <stdio.h>
void main()
{
    int i,x[3][3]={1,2,3,4,5,6,7,8,9};
    for(i=0;i<3;i++)
    printf("%d,",x[i][2-i]);
}
```

131

　　　A. 1,5,9,　　　　　B. 1,4,7,　　　　C. 3,5,7,　　　　D. 3,6,9,

（10）以下数组定义合法的是（　　　）。

　　　A. int a[]="string";　　　　　　B. int a[5]={0,1,2,3,4,5};

　　　C. char s="string";　　　　　　D. char a[]={0,1,2,3,4,5};

2. 填空题

（1）以下程序的功能是输出数组 s 中最大数组元素的下标，请填空完善程序。

```
#include <stdio.h>
void main( )
{
    int k, p;    int s[ ]={1,-9,7,2,-10,3};
    for(p=0,k=p; p<6; p++)
        if(s[p]>s[k])_____;
    printf("%d\n" ,k);
 }
```

（2）以下程序以每行 5 个数组元素的形式输出 a 数组，请填空完善程序。

```
#include <stdio.h>
void main( )
{
    int a[50],i;
    printf("输入 10 个整数：");
    for(i=0; i<10; i++)
        scanf( "%d", _____);
    for(i=1; i<=10; i++)
    {
        if( _____)
```

```
            printf( "%3d\n" ,_____);
            printf( "%3d",a[i-1]);
        }
    }
```

（3）以下程序实现输出图 6-13 所示形式的数组（左上三角），请填空。

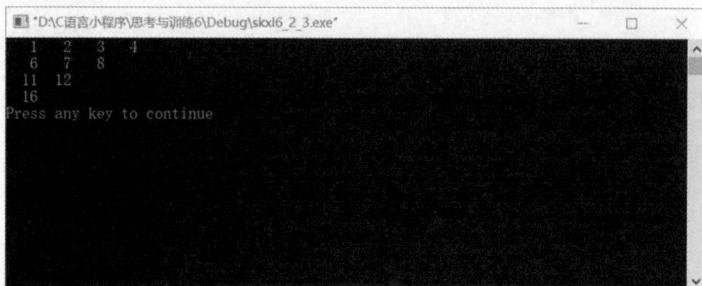

图6-13　左上三角数组

```
#include <stdio.h>
    void main()
    {
        int num[4][4]={{1,2,3,4},{5,6,7,8}, {9,10,11,12},{13,14,15,16}},i,j;
        for(i=0;i<4;i++)
        {
            for(j=1;j<=i;j++)
                printf("%4c",' ');
            for(j=_____;j<4;j++)
                printf("%4d",num[i][j]);
            printf("\n");
        }
    }
```

3. 编程题

（1）用冒泡排序法对 10 个数据进行排序（由小到大）。

C 语言有三大常见排序算法：冒泡排序、选择排序和插入排序。冒泡排序的思想：在一组需要排序的数据中，比较相邻两数据并交换，使大的数据往后移，每轮排序将最大的数据放在最后的位置上。

（2）编程实现两个字符串的连接（不用 strcat 函数）。

（3）统计字符串中数字字符的个数。

第7单元

函数

问题引入

我们编写的代码越来越长，实现的功能越来越多，所有代码都写在 main 函数中，实在是不易阅读和修改。事实上，C 程序可以包含一个 main 函数和若干个其他函数，main 函数可以调用其他函数，其他函数之间也可以相互调用。

知识目标

1. 掌握函数的定义与调用
2. 理解实参与形参的关系
3. 了解变量的作用域与生存期

技能目标

1. 能够进行函数的定义与调用
2. 能够正确运用实参与形参

任务 1　菜单输出——无参函数的定义与调用

● **工作任务**

微课视频

无参函数的
定义与调用

在第 3 单元"顺序结构程序设计"的任务 1 中，我们实现了输出菜单功能：小明和小康使用 printf 函数显示出就餐饭馆的菜单。在本任务中，我们就来讨论怎么用自定义函数实现输出菜单这个小功能。

● **思路指导**

编写一个自定义函数 menu，实现菜单的输出，在 main 函数中调用 menu 函数。

● **相关知识**

（一）函数概述

1. 函数的概念

函数是实现特定程序功能的代码段。使用函数基于以下原因。

① 结构化程序设计的需要。结构化程序设计思想的核心内容：自顶向下，逐步细化和模块化。结构化程序设计思想最重要的一点就是把一个复杂问题分解成很多小而独立的问题，即把一个大程序按功能分为若干个小程序（模块），每个模块实现一部分程序功能，分而治之，各司其职，结构清晰。一个程序员编写其中的一个或多个模块，并把每个模块编写成函数。然后通过函数间的相互调用，把函数组装成程序。

"单兵作战"只适用于小型项目，对于大型项目，组件化的开发，各个模块的接口都需要定义，"单兵作战"无法构造出强大而稳定的系统。作为项目团队中的一员，与团队进行良好沟通的关键是要有"团队精神"。技术不应封闭，开放式的交流才能更好地提升技术。

② 可以提高代码的复用性。我们可以把经常用到的实现某种相同功能的程序段编写成函数，每当需要实现这一功能时调用这个函数即可。如需修改，只修改这个函数本身即可，而调用函数的语句不必修改。

2. 函数的分类

C 语言函数分为标准库函数和用户自定义函数。对于标准库函数，程序员直接调用需要的函数即可，用户自定义函数需要程序员自己编写。前文已经涉及了一些函数，例如标准输入函数 scanf、标准输出函数 printf 以及其他一些数学函数，这些都是标准库函数。对程序员来说，只要调用这些函数即可，至于这些函数内部是如何实现的则不必知晓。

但 C 语言提供的标准库函数不可能把所有的功能都包含进去。例如，求一元二次方程的根、求全班某一次考试的平均成绩等。我们必须学会自己定义函数来实现特定的功能。本单元重点介绍用户自定义函数。

（二）定义无参函数

在 C 语言中，所有的函数定义，包括 main 函数在内，都是平行的。也就是说，在一个函数的函数体内不能再定义另一个函数，即不能嵌套定义。下面介绍如何自定义一个函数。函数可分为无参函数和有参函数两种，先来介绍无参函数的定义。

定义函数要完成 3 项任务：指明函数的入口参数；指明函数执行后的状态，即返回值或返回执行结果；指明函数所要做的操作，即函数体。定义函数的格式如下。

```
类型说明符 函数名()
{
    声明部分;
    语句部分;
}
```

其中类型说明符和函数名为函数头。类型说明符指明了函数的类型，函数的类型实际上是函数返回值的类型。该类型说明符即第 2 单元介绍的各种类型说明符。函数名是由用户定义的标识符，无参函数名后有一对圆括号（半角），其中无参数，但圆括号不可少。花括号中的内容称为函数体。函数体中也有声明部分，这是对函数体内部所用到的变量的类型声明，语句部分是函数功能实现部分。在很多情况下都不要求无参函数有返回值，此时函数类型说明符可以写为 void。

例 7-1 自定义一个无参函数。

```
void Hello()
{
    printf("奋斗的青春最美! \n");
}
```

这里，Hello 函数是一个无参函数，当被其他函数调用时，输出"奋斗的青春最美!"，实现与第 1 单元中例 1-1 同样的效果。

（三）无参函数的调用

函数定义好之后，需要调用才能运行，可通过函数名调用函数。

例 7-2 调用无参函数 Hello。

```
#include <stdio.h>
void main()
{
    Hello();
}
```

此时，程序在 main 函数中调用了无参函数 Hello，执行函数 Hello 中的语句，输出"奋斗的青春最美!"。

● **任务实施**

调用无参函数输出菜单，程序代码如下。

```
/**********无参函数的定义与调用***************/
#include <stdio.h>
void menu()
{
    printf("******欢迎光临四川酒家******\n");
```

```
    printf("    油焖大虾      48元/份\n ");
    printf("    干煸豆角      20元/份\n ");
    printf("    水煮鱼        38元/份\n ");
    printf("    麻婆豆腐      15元/份\n ");
}
void main()
{
    menu();
}
```

运行结果如图 7-1 所示。

图7-1　任务1的运行结果

● 特别提示

① 函数名是用户赋予函数的名字，是一个标识符。在同一个程序中，各函数的名称既不能相同，也不能与同一作用域中的其他标识符相同。

② 函数体用一对花括号标注，一般由声明部分和语句部分组成。如果花括号内什么内容也没有，则该函数为空函数。

③ 函数不能单独运行。函数既可以被主函数或其他函数调用，也可以调用其他函数，但是不能调用主函数。

④ 调用无参、无返回值的函数时，直接以函数名加圆括号的形式调用即可。

任务 2 学生成绩计算——有参函数的定义与调用

● 工作任务

在学校教育中，学生成绩的计算是一项重要且常见的任务。为了提高学生成绩计算的效率和准确性，我们计划通过编程实现这一功能。本任务要求通过定义有参函数来计算学生两门课程总分和平均分。

● 思路指导

定义有参函数 sum。这里要求完成学生两门课程成绩的求和功能，因此需将两门课程的成绩传入函数体内，无参函数不能解决此问题，这样就需要定义有参函数。

定义有参函数 avg，完成求平均分功能。

微课视频

有参函数的定义与调用

（一）有参函数

1. 有参函数定义格式

```
类型说明符 函数名(形式参数表列)
{
    声明部分;
    语句部分;
}
```

有参函数比无参函数多了形式参数表列，形式参数简称形参，它们可以是各种类型的变量。若形式参数表列有多个参数，参数间用逗号（半角）分隔。

形式参数表列的一般形式如下。

```
形参类型 1 形参 1, 形参类型 2 形参 2,…, 形参类型 n 形参 n
```

形参用于主调函数和被调函数之间的数据传递，函数调用时形参将被实参所取代。

我们可以提取程序中的一个小功能，将其编写成一个函数，如例 7-3 所示。

例 7-3 编写一个程序，用于求两个数中较大的数。

程序 1

```c
#include <stdio.h>
void main()
{
    int a,b;
    printf("请输入 2 个数字：\n");
    scanf("%d,%d",&a,&b);
    if(a>b)
        printf("较大数=%d",a);
    else
        printf("较大数=%d",b);
}
```

程序 2

```c
#include <stdio.h>
int max(int a,int b)
{
    if(a>b)
        return a;
    else
        return b;
}
void main()
{
    int max(int a,int b);
```

```
    int x,y,z;
    printf("请输入 2 个数字：\n");
    scanf("%d,%d",&x,&y);
    z=max(x,y);
    printf("较大数=%d",z);
}
```

思考 比较两个程序，可以看出使用函数表面上看程序似乎变长了，那么这是否意味着使用函数使程序变得更加复杂了？

2. 函数的返回值

（1）C 语言可以从被调函数中返回值给主调函数（在函数内通过 return 语句返回值）

当函数需要返回值时，必须在函数名前用类型说明符注明返回值的类型，即函数类型。

定义一个函数，用于求两个数中较大的数，具体如下。

```
int max(int a,int b)
{
    if(a>b)
        return a;
    else
        return b;
}
```

在 max 函数体中的 return 语句把整型数据 a（或 b）的值作为函数的值返回给主调函数，max 函数的类型说明符为 int。

注意 ①函数的类型就是返回值的类型，return 语句中表达式的类型应该与函数类型一致。
②如果被调函数中没有 return 语句，则函数返回一个不确定的值。为了明确表示"不返回值"，用"void"定义"无返回值类型"，如例 7-4 所示。

例 7-4 无返回值类型函数定义示例。

```
#include <stdio.h>
void printstar()
{
    printf("*************\n");
}
```

一旦函数被定义为 void 类型后，就不能在主调函数中使用被调函数的函数值。为了使程序有良好的可读性并减少出错，凡不要求返回值的函数都应定义为 void 类型。

（2）return 语句的语法格式

return(表达式);

或 return 表达式;

或 return;

return 语句的用途：结束当前函数，并把 return 后表达式的值返回到调用的地方。该语句对非 void 类型函数适用。

（二）函数调用

1. 函数调用的一般格式

程序是通过对函数的调用来执行函数体的。在 C 语言中，有参函数调用的一般形式如下。

函数名（实参表）；

前文中对无参函数的调用，实际上是无参函数没有定义参数，所以无实参表，但是圆括号（半角）不能省略。实参表中的参数可以是常数、变量或其他构造类型数据及表达式。各实参之间用逗号分隔。

2. 函数的参数

有参函数的参数分为形参和实参两种，形参出现在函数定义当中，在整个函数体内部都可以使用，离开该函数则不能使用。而实参则出现在主调函数中。形参和实参用于数据传递。

发生函数调用时，主调函数把实参的值传递给被调函数的形参，从而实现主调函数向被调函数的数据传递。

① 形参只有在被调用时才分配内存单元，在调用结束时，即刻释放所分配的内存单元。因此，形参只在函数内部有效，函数调用结束返回主调函数后则不能再使用该形参。

② 实参可以是常量、变量、表达式、函数等，无论实参是何种类型的，在进行函数调用时，都必须有确定的值，以便把这些值传递给形参。因此必须预先用赋值、输入等方法使实参获得一定的值。

③ 实参和形参在数量、类型、顺序上应严格一致。

④ 函数调用中发生的数据传递是单向的，即只能把实参的值传递给形参，而不能把形参的值反向传递给实参。因此在函数调用过程中，形参的值会发生改变，而实参的值不会改变，如例 7-5 所示。

例 7-5　函数的参数传递示例。

```
#include <stdio.h>
void test(int a,int b)
{
    a++;
    b++;
    printf("test 函数中：%d,%d\n",a,b);
}
void main()
{
    int a=3,b=4;
    test(a,b);
    printf("main 函数中：a=%d,b=%d\n",a,b);
}
```

本程序中定义了一个函数 test，该函数的功能是将传入的实参加 1 后输出。在主函数中输入 a

和 b 的值，使其作为实参，在调用时传递给 test 函数的形参 a 和 b。

需要说明的是，在调用函数时，主调函数和被调函数之间有数据的传递——实参传递给形参，具体的传递方式有以下两种。

① 值传递方式（传值）：将实参的值单向传递给形参。

② 地址传递方式（传址）：将实参地址单向传递给形参。

3. 函数调用的几种方式

在 C 语言中，可以用以下几种方式调用函数。

（1）无返回值函数的调用

函数调用的一般形式加上分号即构成函数语句，示例如下。

```
menu();
printf ("%d",a);
```

这种情况不要求函数返回值，调用函数的目的是完成某一特定操作。

（2）有返回值函数的调用

① 函数作为表达式中的一项出现在表达式中，以函数返回值参与表达式的运算。这种方式要求函数是有返回值的。例如，z=max(x,y);是一个赋值表达式，把 max 函数的返回值赋予变量 z。

② 函数作为另一个函数调用的实参。这种情况是把该函数的返回值作为实参进行传递，因此要求该函数必须是有返回值的。例如，printf("%d",max(x,y));把 max 函数调用的返回值又作为 printf 函数的实参来使用。

例 7-6　编程求 $1+1/2+1/3+1/4+1/5+\cdots+1/n$。

```
#include <stdio.h>
double fun(int n)
{
    double sum=0.0;
    int i;
    for (i=1;i<=n;i++)
        sum=sum+1.0/i;
    return sum;
```

```
}
void main()
{
    int n;
    scanf("%d",&n);
    printf("sum=%lf",fun(n));
}
```

> **说明**
>
> ① fun 函数在 main 函数中的调用是作为 printf 函数的实参出现的，即在执行 printf 函数时，先调用函数 fun，求出 fun 函数的值，再通过 printf 函数将此值以实数方式输出。
>
> ② 调用函数时 fun 函数中的实参和函数定义时 fun 函数中的形参同名，均为 n，但它们是不同的对象，有不同的存储空间。
>
> ③ 该程序中有两个函数，一个是 main 函数，另一个是 fun 函数，main 函数中调用了 fun 函数。按照 C 语言规定，它们在程序中出现的次序是有讲究的，fun 函数应在前边，main 函数在后边，即函数定义应先于函数调用。

（三）函数声明

在主调函数中调用某函数之前应对该被调函数进行声明，这与使用变量之前要进行变量声明是一样的。在主调函数中对被调函数做声明的目的是使编译系统知道被调函数返回值的类型，以便在主调函数中按此种类型对返回值做相应的处理。

上面已经提到，函数定义必须先于函数调用，但是假设有例 7-7 所示的程序，以上规定是否会有变化？

例 7-7　编程求 $1/2+1/4+1/6+1/8+\cdots+1/n$（$n$ 为偶数）。

```
#include <stdio.h>
void main()
{
    double fun(int n);
    int n;
    scanf("%d",&n);
    printf("sum=%f",fun(n));
}
double fun(int n)
{
    double sum=0.0;
    int i;
    for (i=2;i<=n;i+=2)
        sum=sum+1.0/i;
    return sum;
}
```

执行程序，程序能够正常运行。观察此程序，发现函数定义出现在函数调用之后，且 main 函数中多了一行。

```
double fun(int n);
```

首先可以判定，它不是函数定义，因为它没有函数体。其次在最后还多了一个分号，在 C 语言中，它被称为函数说明，也被称为函数声明。一旦出现了函数声明，即可进行函数调用。

函数声明的一般形式如下。

```
类型说明符 被调函数名 ( 类型 形参名 , 类型 形参名 ,…);
```

或者如下。

```
类型说明符 被调函数名 ( 类型 , 类型 ,…);
```

在以上说明中，圆括号内给出了形参的类型和形参名，或只给出形参类型。这便于编译系统进行检错，防止可能出现的错误。

如例 7-7，在 main 函数中对 fun 函数的声明可写为如下形式。

```
double fun(int n);
```

或者如下。

```
double fun(int);
```

C 语言中又规定以下几种情况可以省去主调函数中对被调函数的函数声明。

① 如果被调函数的返回值是整型或字符型，可以不对被调函数做声明，而直接调用。这时编译系统自动将被调函数返回值按整型处理。

② 当被调函数的函数定义出现在主调函数之前时，在主调函数中也可以不对被调函数做声明而直接调用。

③ 如在所有函数定义之前，在函数外预先声明了各个函数的类型，则在以后的各主调函数中可不对被调函数做声明。

例 7-8 函数声明示例。

```
#include <stdio.h>
char str(int a);
float f(float b);
void main()
{
    …
}
char str(int a)
{
    …
}
float f(float b)
{
    …
}
```

其中第 2、3 行对 str 函数和 f 函数预先做了声明，因此在以后各函数中无须再对 str 和 f 函数做声明就可直接调用。

④ 对库函数的调用不需要声明，但必须把该函数的头文件用 include 命令包含在源程序前部。

● **任务实施**

```c
/*****求总分、平均分*****/
#include <stdio.h>
float sum(float score1,float score2)     //求总分
{
    return score1+score2;
}
float avg(float score1,float score2)     //求平均分
{
    return (score1+score2)/2;
}
void main()
{
    float score1,score2;
    float sum1=0,avg1=0;
    printf("请输入第一门课程的学生成绩：");
    scanf("%f",&score1);
    printf("请输入第二门课程的学生成绩：");
    scanf("%f",&score2);
    sum1=sum(score1,score2);   //调用函数
    avg1=avg(score1,score2);   //调用函数
    printf("该学生总分为%5.2f，平均分为%5.2f\n",sum1,avg1);
}
```

运行结果如图 7-2 所示。

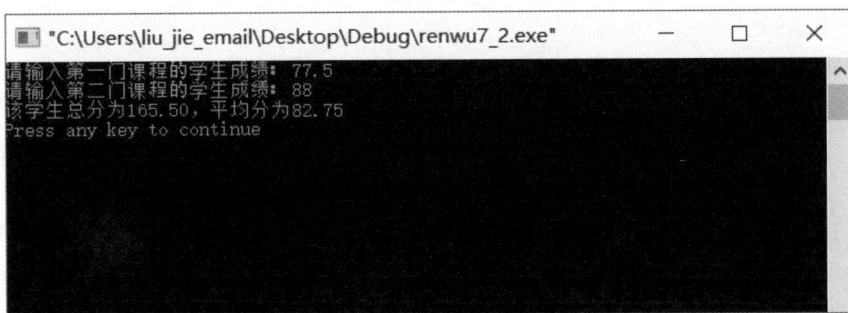

图7-2　任务2的运行结果

● **特别提示**

用函数解决实际问题的主要方法和步骤如下。

① 确定解决问题要实现的功能：如果要实现的功能很复杂，可以划分为多个小功能，则每一个小功能可以用一个函数来实现。

② 分析函数：确定函数名、函数参数、函数的返回值以及类型。

③ 构造函数：设计函数体。

④ 实现函数：用C语言的函数格式表示。

⑤ 测试函数。

任务3 猜年龄——函数的递归调用

● **工作任务**

5个小朋友做游戏，第1个小朋友4岁，其余小朋友的年龄，每一个比前一个大1岁，请猜第5个小朋友几岁？

● **思路指导**

设age(n)是求第 n 个小朋友的年龄，根据题意可知：

age(1)=4

age(2)=age(1)+1

age(3)=age(2)+1

age(4)=age(3)+1

age(5)=age(4)+1

可用数学公式表述如下。

$$age(n) = \begin{cases} 4, & n = 1. \\ age(n-1)+1, & n > 1. \end{cases}$$

● **相关知识**

一个函数在其函数体内调用它自身称为递归调用。C语言中允许函数的递归调用。

在递归函数中，由于存在着自调用过程，为防止自调用过程无休止地执行下去，在函数体内必须设置某种条件（这种条件通常用if语句来控制），当条件成立时终止自调用过程，并使程序控制逐步从函数中返回。

例7-9 求斐波那契数列前12项的和。

分析如下。

$$fib(n) = \begin{cases} 1, & n = 1. \\ 1, & n = 2. \\ fib(n-1) + fib(n-2), & n > 2. \end{cases}$$

程序如下。

```
#include <stdio.h>
int fib(int n)
{
    int f;
    if (n==1||n==2)
        f=1;
    else
        f=fib(n-1)+fib(n-2);
```

```
    return f;
}
void main()
{
    int i,s=0;
    for (i=1;i<=12;i++)
        s=s+fib(i);
    printf("n=12,s=%d",s);
}
```

运行结果如下。

```
n=12,s=376
```

● **任务实施**

猜年龄游戏程序代码如下。

```
/*****猜年龄*****/
#include <stdio.h>
int age(int n)
{
    int c;
    if(n==1)
        c=4;
    else
        c=age(n-1)+1;  //递归调用
    return c;
}
void main()
{
    printf("age(5)=%d",age(5));
}
```

运行结果如图 7-3 所示。

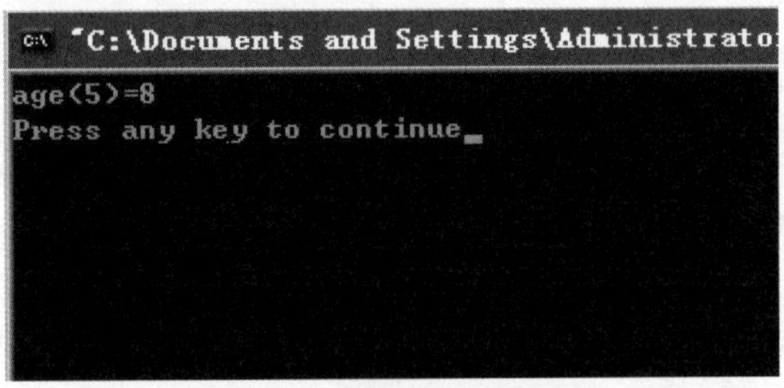

图7-3　任务3的运行结果

● **特别提示**

① 在 C 语言中，如果一个函数的定义中出现对另一个函数的调用，这就是函数的嵌套调用。由此可知，递归调用属于嵌套调用。

② 递归调用在调用函数本身的过程中不能无限制调用，必须有语句控制使调用终止。例如上述程序中的函数 age，如果 n==1，则停止调用，否则程序会陷入死循环。

（一）函数的嵌套调用

C 语言中不允许进行嵌套的函数定义，因此各函数之间是平行的。但是 C 语言允许在一个函数的定义中出现对另一个函数的调用，即函数的嵌套调用。图 7-4 表示两层嵌套调用的情形。其执行过程是，执行 main 函数中调用 fun1 函数的语句时，即转去执行 fun1 函数；在 fun1 函数中调用 fun2 函数时，又转去执行 fun2 函数；fun2 函数执行完毕返回 fun1 函数的断点继续执行；fun1 函数执行完毕返回 main 函数的断点继续执行。

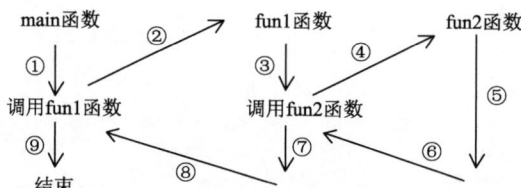

图7-4　函数的嵌套调用执行过程

下面是一个简单示例。

```c
#include <stdio.h>
int fun2()
{
    return 2;
}
int fun1()
{
    return fun2()+1;
}
void main()
{
    printf("%d\n",fun1());
}
```

在程序中，fun1 和 fun2 函数均为整型函数，都在主函数之前定义，故不必在主函数中对 fun1 和 fun2 函数加以声明。在主函数中，调用 fun1 函数，在 fun1 函数中又发生对 fun2 函数的调用，执行 fun2 函数中的语句，返回值为 2。fun2 函数执行完毕后回到 fun1 函数，并将返回值返回到 fun1 函数中，fun1 函数继续执行其后语句，return 语句将 2+1 的值返回到主函数。至此，由主函数完成嵌套调用，输出为 3。

（二）数组作为函数参数

数组可以作为函数的参数，进行数据传递。数组用作函数参数有两种形式，一种是把数组元素（下标变量）作为实参使用；另一种是把数组名作为函数的形参和实参使用。

1. 数组元素作为函数实参

数组元素就是下标变量，它与普通变量并无区别，因此将它作为函数实参使用与普通变量是完全相同的。在发生函数调用时，把作为实参的数组元素的值传递给形参，实现单向的值传递。

例 7-10　判断一个整数数组中各元素的值，若大于 0 则输出该值，若小于等于 0 则输出 0，程序如下。

```
#include <stdio.h>
void comp(int c)
{
    if(c>0)
        printf("%d\n",c);
    else
        printf("%d\n",0);
}
void main()
{
    int a[5],i;
    printf("请输入 5 个数字\n");
    for(i=0;i<5;i++)
    {
        scanf("%d",&a[i]);
        comp(a[i]);
    }
}
```

例 7-10 中首先定义了一个无返回值的函数 comp，并说明其形参 c 为整型变量。在函数体中根据 c 值输出相应的结果。在 main 函数中用一个 for 语句输入各数组元素，每输入一个就以该数组元素作为实参调用一次 comp 函数，即把 a[i]的值传递给形参 c，在 comp 函数中判断数组元素是否大于 0，并输出结果。

2. 数组名作为函数参数

用数组名作为函数参数与用数组元素作为实参有以下几点不同。

① 用数组元素作为实参时，只要数组类型和函数形参变量的类型一致，那么作为下标变量的数组元素的类型也和函数形参变量的类型是一致的。因此，并不要求函数的形参也是下标变量。换言之，对数组元素的处理是按普通变量对待的。用数组名作为函数参数时，则要求形参和相对应的实参都必须是类型相同的数组，都必须有明确的数组说明。当形参和实参不一致时，会发生错误。

② 在普通变量或下标变量作为函数参数时，形参变量和实参变量存储在由编译系统分配的两个不同的内存单元中。在函数调用时发生的值传递是把实参变量的值赋予形参变量。在用数组名作为函数参数时，不是进行值的传递，即不是把实参数组中每一个数组元素的值都赋予形参数组的各个数组元素。因为实际上形参数组并不存在，编译系统不为形参数组分配内存。那么，数据的传递是如何实现的呢？数组名就是数组的首地址，因此在数组名作为函数参数时所进行的传递只是地址的传递，也就是说把实参数组的首地址赋予形参数组名。实际上形参数组和实参数组为同一数组，共同拥有一段内存空间。

例 7-11 数组 a 中存放了一个学生 5 门课程的成绩，求平均分，程序如下。

```c
#include <stdio.h>
float avg(float a[5])
{
  int i;
    float av,s=0;
    for(i=0;i<5;i++)
       s=s+a[i];
    av=s/5;
    return av;
}
void main()
{
    float score[5],av;
    int i;
    printf("\n 输入 5 门课程的成绩:\n");
    for(i=0;i<5;i++)
        scanf("%f",&score[i]);
    av=avg(score);
    printf("平均分为%5.2f\n",av);
}
```

例 7-11 首先定义了一个实型函数 avg，有一个形参为实型数组 a，长度为 5。然后在函数 avg 中，各元素值相加求出平均值，并返回平均值。主函数中首先完成数组 score 输入，然后以数组 score 作为实参调用 avg 函数，函数返回值赋给 av，最后输出 av 值。

③ 在变量作为函数参数时，所进行的值传递是单向的，即只能从实参传向形参，不能从形参传回实参。形参的初值和实参相同，而形参的值发生改变后，实参并不变化，两者的终值是不同的。而当用数组名作为函数参数时，情况则不同。由于实际上形参数组和实参数组为同一数组，因此当形参数组发生变化时，实参数组也随之变化。调用函数之后实参数组的值将因为形参数组值的变化而变化。为了说明这种情况，把例 7-10 改为例 7-12 的形式。

例 7-12 判断一个整数数组中各元素的值，若大于 0 则输出该值，若小于等于 0 则输出 0。
这里用数组名作为函数参数，程序如下。

```c
#include <stdio.h>
void comp(int b[5])
```

```
{
    int i;
    printf("\n 数组 b 的值为：\n");
    for(i=0;i<5;i++)
    {
        if(b[i]<0) b[i]=0;
            printf("%d ",b[i]);
    }
}
void main()
{
    int a[5],i;
    printf("输入 5 个数字\n");
    for(i=0;i<5;i++)
    {
        scanf("%d",&a[i]);
    }
    printf("数组 a 的初始值为：\n");
    for(i=0;i<5;i++)
        printf("%d ",a[i]);
    comp(a);
    printf("\n 函数调用后数组 a 的值为：\n");
    for(i=0;i<5;i++)
        printf("%d ",a[i]);
}
```

例 7-12 中 comp 函数的形参为整型数组 b，长度为 5。主函数中实参数组 a 也为整型，长度也为 5。在主函数中首先输入数组 a 的值，然后输出数组 a 的初始值。以数组名 a 为实参调用 comp 函数。在 comp 函数中，小于 0 的数组元素重新赋值为 0，并输出形参数组 b 的值。返回主函数之后，再次输出数组 a 的值。数组 a 的初始值和终值是不同的，数组 a 的终值和数组 b 是相同的。这说明实参、形参数组为同一数组，它们的值同时改变。

用数组名作为函数参数时还应注意以下几点。

① 形参数组和实参数组的类型必须一致，否则将引起错误。

② 实参数组和形参数组的长度可以不相同，因为在调用时，只传递首地址而不检查实参数组的长度。当实参数组的长度与形参数组的不一致时，虽不至于出现语法错误（编译能通过），但程序执行结果将与实际不符，这是应予以注意的。

③ 在函数形参表中，允许不给出形参数组的长度，或用一个变量来表示数组元素的个数。

示例如下。

```
void comp(int a[])
```

以上示例也可写为如下形式。

```
void comp(int a[], int n)
```

其中形参数组 a 没有给出长度，而由 n 值动态地表示数组的长度。n 值由主调函数的实参进行传递。

例 7-13 将例 7-12 改为数组的长度由函数参数传递。

```c
#include <stdio.h>
void comp(int b[],int n)
{
    int i;
    printf("\n 数组 b 的值为：\n");
    for(i=0;i<n;i++)
    {
        if(b[i]<0)
            b[i]=0;
        printf("%d ",b[i]);
    }
}
void main()
{
    int a[5],i;
    printf("输入 5 个数字\n");
    for(i=0;i<5;i++)
    {
        scanf("%d",&a[i]);
    }
    printf("数组 a 的初始值为：\n");
    for(i=0;i<5;i++)
        printf("%d ",a[i]);
    comp(a,5);
    printf("\n 函数调用后数组 a 的值为：\n");
    for(i=0;i<5;i++)
        printf("%d ",a[i]);
}
```

在例 7-13 中，没有给出 comp 函数的形参数组 b 的长度，而由 n 动态确定。在 main 函数中，函数调用语句为 comp(a,5)，其中实参 5 将赋予形参 n 作为形参数组 b 的长度。

④ 多维数组也可以作为函数的参数。在函数定义时对形参数组可以指定每一维的长度，也可省去第一维的长度。因此，以下写法都是合法的。

```c
int arr(int a[3][10])
```

或

```c
int arr(int a[][10])
```

（三）变量作用域

C 语言中所有的变量都有自己的作用域，变量说明的方式不同，其作用域也不同。C 语言中的变量，按作用域可分为两种，即局部变量和全局变量。

1. 局部变量

局部变量也称为内部变量。局部变量是在函数内部进行定义说明的，其作用域仅限于函数内，离开该函数后再使用该变量是非法的，如例 7-14 所示。

例 7-14 局部变量示例。

```
#include <stdio.h>
int f1(int a)
{
    int b,c;
    …
}
int f2(int x)
{
    int y,z;
    …
}
void main()
{
    int m,n;
    …
}
```

函数 f1 内定义了 3 个变量，a 为形参，b、c 为一般变量。在函数 f1 的范围内 a、b、c 有效，或者说 a、b、c 变量的作用域限于函数 f1 内。同理，x、y、z 变量的作用域限于函数 f2 内，m、n 变量的作用域限于函数 main 内。

● **特别提示**

① 主函数中定义的变量也只能在主函数中使用，不能在其他函数中使用。同时，主函数也不能使用其他函数中定义的变量。因为主函数也是一个函数，它与其他函数是平行关系。

② 形参变量属于被调函数的局部变量，实参变量属于主调函数的局部变量。

③ 允许在不同的函数中使用相同的变量名，它们代表不同的对象，分配不同的内存单元，互不干扰，也不会发生混淆。

④ 在复合语句中也可定义变量，其作用域只限于复合语句中，如例 7-15 所示。

例 7-15 变量的作用域。

```
#include <stdio.h>
void main()
{
    int i=2,j=3,k;
```

```
        k=i+j;
        {
            int k=8;
            printf("%d\n",k);        //复合语句中的 k
        }
        printf("%d\n",k);            //main 函数中的 k
    }
```

本程序在 main 函数中定义了 i、j、k 这 3 个变量,其中变量 k 未被赋初值。而在复合语句内又定义了一个变量 k,并为其赋初值 8。应该注意这两个 k 不是同一个变量。在复合语句外由 main 函数定义的 k 起作用,而在复合语句内则由在复合语句内定义的 k 起作用。因此程序第 5 行的 k 为 main 函数所定义,其值应为 5。第 8 行(该行在复合语句内)输出 k 的值,取决于复合语句内定义的 k,其初值为 8,故输出值 8。第 10 行输出的 k 值应为 5。

2. 全局变量

全局变量是在函数外部定义的变量。外部变量和全局变量是对同一类变量的两种不同的提法。全局变量是从它的作用域提出的,外部变量是从它的存储方式提出的,表示了它的生存期。全局变量不属于哪一个函数,它属于一个源程序文件,其作用域是整个源程序。在函数中使用全局变量,一般应做全局变量说明。

全局变量的说明符为 extern。在一个函数之前定义的全局变量,在该函数内使用可不再说明,如例 7-16 所示。

例 7-16 全局变量示例。

```
/*** 变量 x、y 作用域 ***/
#include <stdio.h>
int a,b;              /*外部变量*/
void f1()             /*函数 f1*/
{
    …
}
float x,y;            /*外部变量*/
int f2()              /*函数 f2*/
{
    …
}
void main()          /*主函数*/
{
    …
}
```

从上例可以看出 a、b、x、y 都是在函数外部定义的外部变量,都是全局变量。但 x、y 定义在函数 f1 之后,而在函数 f1 内又无对 x、y 的说明,所以它们在函数 f1 内无效。a、b 定义在源程序最前面,因此在函数 f1、f2 及 main 内不加说明也可使用。

例 7-17 输入长方体的长、宽、高 l、w、h,求体积及 3 个面的面积。

```
#include <stdio.h>
int s1,s2,s3;
int vs( int a,int b,int c)
{
    int v;
    v=a*b*c;
    s1=a*b;
    s2=b*c;
    s3=a*c;
    return v;
}
void main()
{
    int v,l,w,h;
    printf("\n 输入长度、宽度和高度\n");
    scanf("%d%d%d",&l,&w,&h);
    v=vs(l,w,h);
    printf("v=%d s1=%d s2=%d s3=%d\n",v,s1,s2,s3);
}
```

本程序中定义了 3 个全局变量 s1、s2、s3，它们用来存放 3 个面积，其作用域为整个程序。函数 vs 用来求长方体体积和 3 个面积，函数的返回值为体积 v。由主函数完成长、宽、高的输入及结果输出。由于 C 语言规定函数返回值只有一个，当需要增加函数的返回值时，用全局变量是一种很好的方式。在本例中，如不使用全局变量，主函数就不可能取得 s1、s2、s3 这 3 个值。而采用了全局变量，在函数 vs 中求得的 s1、s2、s3 值在主函数中仍然有效。因此全局变量是实现函数之间数据通信的有效手段。对于全局变量还有以下几点需要说明。

① 全局变量定义必须在所有的函数之外，且只能定义一次。其一般形式如下。

[extern] 类型说明符 变量名 , 变量名 ,…;

其中 extern 可以省去不写。例如 int a,b;等效于 extern int a,b;。

而全局变量说明出现在要使用该全局变量的各个函数内，全局变量说明的一般形式如下。

extern 类型说明符 变量名 , 变量名 ,…;

全局变量在定义时就已分配了内存单元，全局变量定义可做初始赋值，全局变量说明不能再赋初始值，只是表明在函数内要使用某全局变量。

② 全局变量使得函数的独立性降低，从模块化程序设计的观点来看这是不利的，因此在不必要时尽量不要使用全局变量。

③ 在同一源文件中，允许全局变量和局部变量同名。在局部变量的作用域内，全局变量不起作用。

例 7-18 变量的作用域问题。

```
#include <stdio.h>
int vs(int l,int w)
```

```
{
    extern int h;              // 全局变量说明
    int v;
    v=l*w*h;
    return v;
}
void main()
{
    extern int w,h;            // 全局变量说明
    int l=5;
    printf("v=%d",vs(l,w));
}
int l=3,w=4,h=5;               // 全局变量定义
```

运行结果：v=100。

在本例中，全局变量在最后定义，因此在前面函数中要对要用的全局变量进行说明。全局变量 l、w 和 vs 函数的形参 l、w 同名。全局变量都做了初始化赋值，main 函数中也对 l 做了初始化赋值。执行程序时，在 printf 函数中调用 vs 函数，实参 l 的值应为 main 函数中定义的 l 值，等于 5，全局变量 l 在 main 函数内不起作用；实参 w 的值为全局变量 w 的值 4，进入 vs 函数后这两个值分别传递给形参 l、w，vs 函数中使用的 h 为全局变量，其值为 5，因此 v 的计算结果为 100，返回 main 函数后输出。

（四）变量的存储类别

1. 动态存储方式与静态存储方式

从变量的作用域角度来分，可以分为全局变量和局部变量。从变量存在的作用时间（生存期）角度来分，可以分为静态存储方式和动态存储方式。

静态存储方式：是指在程序运行期间分配固定的存储空间的方式。

动态存储方式：是指在程序运行期间根据需要进行动态存储空间分配的方式。

用户存储空间可以分为 3 个部分：程序区、静态存储区、动态存储区。全局变量全部放在静态存储区中，在程序开始执行时给全局变量分配存储空间，程序运行完毕就释放。程序执行过程中它们占据固定的存储单元，而不是动态地分配和释放。

动态存储区存放以下数据：函数形参、自动变量、函数调用时实参的现场保护和返回地址等。对于以上数据，在函数开始调用时分配动态存储空间，函数结束时释放这些空间。静态存储方式和动态存储方式的存储类型如下。

auto（自动变量）：自动存储类型。

register（寄存器变量）：寄存器存储类型。

extern（外部变量）：外部存储类型。

static（静态变量）：静态存储类型。

自动变量和寄存器变量属于动态存储方式，外部变量和静态变量属于静态存储方式。

2. 自动变量

这种存储类型是 C 程序中广泛使用的一种类型。C 语言规定，函数内凡未加存储类型说明符的变量均视为自动变量，也就是说自动变量可省去存储类型说明符 auto。在前面各单元的程序中所定义的变量凡未加存储类型说明符的都是自动变量，示例如下。

```
{
    int i,j,k;
    char c;
    …
}
```

以上示例等价于如下内容。

```
{
    auto int i,j,k;
    auto char c;
    …
}
```

自动变量具有以下特点。

① 自动变量的作用域仅限于定义该变量的个体内。在函数中定义的自动变量只在该函数内有效。在复合语句中定义的自动变量只在该复合语句中有效，如例 7-19 所示。

例 7-19　自动变量的作用域。

```
int kv(int a)
{
    auto int x,y;
    {
        auto char c;
    } /*c 的作用域*/
    …
} /*a、x、y 的作用域*/
```

② 自动变量属于动态存储方式，只有在使用它时，即定义该变量的函数被调用时才给它分配存储单元，开始它的生存期。函数调用结束，释放存储单元，结束生存期。因此函数调用结束之后，自动变量的值不能保留。在复合语句中定义的自动变量，在退出复合语句后也不能再使用，否则将引起错误。

③ 由于自动变量的作用域和生存期都局限于定义它的个体内（函数或复合语句内），因此不同的个体中允许使用同名的变量而不会混淆。即使是在函数内定义的自动变量，也可与该函数内部复合语句中定义的自动变量同名。例 7-20 就表明了这种情况。

例 7-20　自动变量的用法示例。

```
#include <stdio.h>
void main()
{
    auto int a,s=100,p=100;
    printf("\n 输入 1 个数字：\n");
```

```
    scanf("%d",&a);
    if(a>0)
    {
        auto int s,p;
        s=a+a;
        p=a*a;
        printf("s=%d p=%d\n",s,p);
    }
    printf("s=%d p=%d\n",s,p);
}
```

本程序在 main 函数中和复合语句内两次定义了自动变量 s、p。按照 C 语言的规定，在复合语句内，应由复合语句中定义的 s、p 起作用，故 s 的值应为 a+a，p 的值为 a*a。退出复合语句后的 s、p 应为 main 函数定义的 s、p，其值在初始化时给定，均为 100。从输出结果可以分析出两个 s 和两个 p 虽变量名相同，但却是不同的变量。

3. 寄存器变量

各类变量都存储在内存中，因此当对一个变量频繁读写时，必须要反复访问内存，从而花费大量的存取时间。为此，C 语言提供了另一种变量，即寄存器变量。这种变量存储在 CPU 的寄存器中，使用时，不需要访问内存，而直接从寄存器中读写，这样可提高效率。寄存器变量的存储类型说明符是 register。对于循环次数较多的循环控制变量及循环体内反复使用的变量均可定义为寄存器变量。

例 7-21　求 1+2+3+…+200 的值。

```
#include <stdio.h>
void main()
{
    register i,s=0;
    for(i=1;i<=200;i++)
        s=s+i;
    printf("s=%d\n",s);
}
```

本程序循环 200 次，i 和 s 都将被频繁使用，因此可定义为寄存器变量。对寄存器变量还要说明以下几点。

① 只有局部自动变量和形参才可以定义为寄存器变量。因为寄存器变量属于动态存储方式。

② C 程序在 TurboC、VisualC++等编译环境中运行时，实际上是把寄存器变量当成自动变量处理的，因此速度并不能提高。

③ 即使能真正使用寄存器变量的机器，由于 CPU 中寄存器的个数是有限的，因此使用寄存器变量的个数也是有限的。

④ 凡需要采用静态存储方式的变量都不能定义为寄存器变量。

4. 外部变量

在前文介绍全局变量时已介绍过全局变量和外部变量的区别。这里再补充说明外部变量的几个特点。

① 当一个源程序由若干个源文件组成时，在一个源文件中定义的外部变量在其他的源文件中也有效。例 7-22 所示的一个源程序由源文件 F1.C 和 F2.C 组成。

例 7-22 外部变量示例。

F1.C 文件内容如下。

```
int a,b;          /*外部变量定义*/
char c;           /*外部变量定义*/
void main()
{
    …
}
```

F2.C 文件内容如下。

```
extern int a,b; /*外部变量说明*/
extern char c;  /*外部变量说明*/
func (int x,y)
{
    …
}
```

在 F1.C 和 F2.C 两个文件中都要使用 a、b、c 这 3 个变量。在 F1.C 文件中把 a、b、c 都定义为外部变量。在 F2.C 文件中用 extern 把 3 个变量说明为外部变量，表示这些变量已在其他文件中定义，编译系统不再为它们分配内存空间。

② 构造类型的外部变量（如数组等）可以在说明时做初始赋值，若不赋初值，则编译系统自动定义它们的初值为 0。

5. 静态变量

静态变量的存储类型说明符是 static。静态变量当然属于静态存储方式，但是属于静态存储方式的变量不一定就是静态变量。例如，外部变量虽属于静态存储方式，但不一定是静态变量，必须由 static 加以定义后才能成为静态外部变量，或称静态全局变量。

对于自动变量，前文已经介绍它属于动态存储方式。但是也可以用 static 将它定义为静态自动变量，或称静态局部变量，从而使用静态存储方式。

由此看来，一个变量可由 static 进行再说明，并改变其原有的存储方式。

（1）静态局部变量

在局部变量的说明前再加上 static 就构成了静态局部变量。

示例如下。

```
static int a,b;
static float array[5]={1,2,3,4,5};
```

静态局部变量属于静态存储方式，它具有以下特点。

① 静态局部变量在函数内定义，但它不像自动变量那样，调用时就存在，退出函数时就消失。静态局部变量始终存在，也就是说它的生存期为整个源程序。

② 静态局部变量的生存期虽然为整个源程序，但是其作用域仍与自动变量相同，即只能在定

义该变量的函数内使用。退出该函数后，尽管该变量还继续存在，但不能使用它。

③ 允许给构造类静态局部变量赋初值。若未赋初值，则由编译系统自动赋予 0 值。

④ 对基本类型的静态局部变量，若在说明时未赋初值，则编译系统自动赋予 0 值。而若不给自动变量赋初值，其值则是不定的。

根据静态局部变量的特点，可以看出它是一种生存期为整个源程序的变量。虽然离开定义它的函数后不能使用，但如再次调用定义它的函数，它又可继续使用，而且保存了前次被调用后留下的值。

因此，当多次调用一个函数且要求在调用之间保留某些变量的值时，可以考虑采用静态局部变量。虽然用全局变量也可以达到上述目的，但全局变量有时会造成意外的副作用，因此仍以采用静态局部变量为宜。

例 7-23 当变量 j 为自动变量时，多次调用函数示例。

```c
#include <stdio.h>
void main()
{
    int i;
    void f();       /*函数声明*/
    for(i=1;i<=5;i++)
        f();        /*函数调用*/
}
void f()            /*函数定义*/
{
    auto int j=0;
    ++j;
    printf("%d\n",j);
}
```

运行结果如图 7-5 所示。

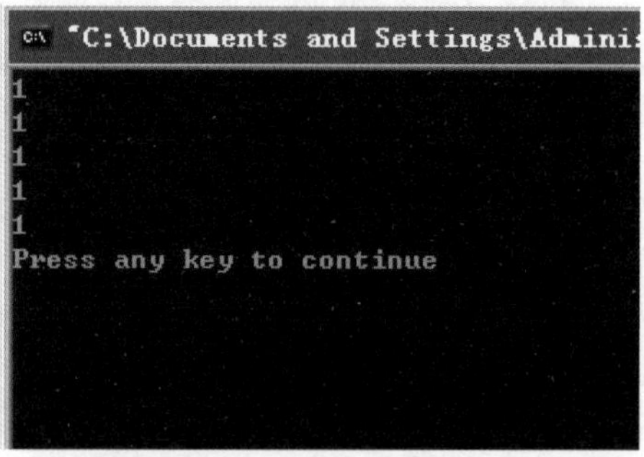

图7-5　例7-23的运行结果

在例 7-23 中，程序中定义了函数 f，其中的变量 j 说明为自动变量并将其赋予初始值 0。当 main 函数中多次调用函数 f 时，j 均被赋初值 0，故每次输出值均为 1。现在把 j 改为静态局部变量，程序如例 7-24 所示。

例 7-24 将例 7-23 中的自动变量 j 改为静态局部变量示例。

```c
#include <stdio.h>
```

```
void main()
{
    int i;
    void f();        /*函数声明*/
    for(i=1;i<=5;i++)
        f();         /*函数调用*/
}
void f()             /*函数定义*/
{
    static int j=0;
    ++j;
    printf("%d\n",j);
}
```

运行结果如图 7-6 所示。

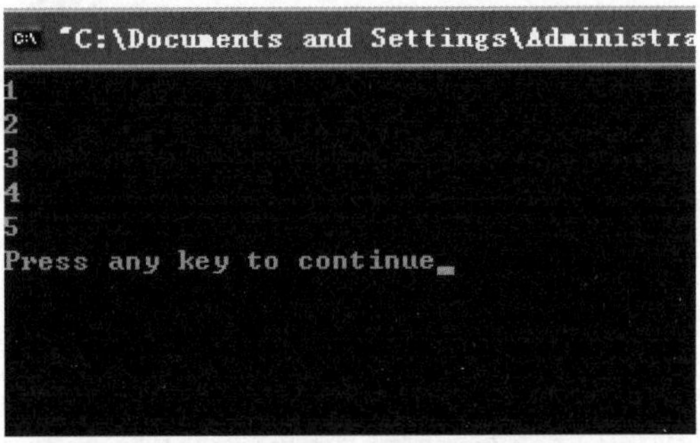

图7-6 例7-24的运行结果

由于 j 为静态局部变量，能在每次调用后保留其值并在下一次调用时继续使用，因此输出值为累加的结果。读者可自行分析其执行过程。

（2）静态全局变量

在全局变量的说明之前再加上 static 就构成了静态全局变量。全局变量本身就是静态存储方式，静态全局变量当然也是静态存储方式。这两者在存储方式上并无不同，区别在于非静态全局变量的作用域是整个源程序，当一个源程序由多个源文件组成时，非静态全局变量在各个源文件中都是有效的；静态全局变量则限制了其作用域，即只在定义该变量的源文件内有效，在同一源程序的其他源文件中不能使用它。由于静态全局变量的作用域局限于一个源文件内，只能为该源文件内的函数公用，因此可以避免在其他源文件中引起错误。

从以上分析可以看出，把局部变量改为静态局部变量后是改变了它的存储方式，即改变了其生存期；把全局变量改变为静态全局变量后是改变了它的作用域，限制了其使用范围。因此 static 这个存储类型说明符在不同的地方所起的作用是不同的，应予以注意。

（五）内部函数与外部函数

函数的本质是全局的，因为一个函数要被另一个函数调用，但是也可以指定函数不能被其他文件调用。根据函数能否被其他文件调用，将函数分为内部函数和外部函数。

内部函数的定义格式如下。

```
static 类型说明符 函数名(形参表)
 {…}
```

外部函数的定义格式如下。

```
extern 类型说明符 函数名(形参表)
```

单元小结

　　函数在 C 语言中是非常重要的内容，也是学习编程的基础。本单元重点讨论了函数的声明与调用方法，分别对函数的参数、函数的返回值及函数参数的传递方式进行了描述，最后介绍了函数的递归调用方式，注意在递归调用时，一定要有结束条件。在"拓展与提高"中介绍了变量的作用域和存储类别等。通过本单元的学习，读者应能够学会编写和调用函数，编写程序时可以将一个小功能编写为一个函数，方便程序的模块化设计，避免代码冗余，也为团队合作开发大型项目打下基础。对程序员来说，和足球运动员一样，既要彰显自己的个性，又要团结团队成员，一起去踢好一场球，做到双赢，才能够真正发挥自己的作用并实现自己的价值。

思考与训练

1. 讨论题

（1）在程序中为什么要使用函数？

（2）有参函数是如何声明的？在调用时应注意什么？

（3）无返回值函数和有返回值函数在声明和调用时应分别注意什么？

（4）在项目开发中，为什么要强调团队合作？作为团队一员，如何做好自己的工作？

2. 选择题

（1）在 C 语言中，函数返回值的类型是由（　　　）决定的。

    A．return 语句中的表达式　　　　　　　B．调用函数的主调函数

    C．调用函数时临时　　　　　　　　　　D．定义函数时所指定的函数类型

（2）下面的描述中不正确的是（　　　）。

    A．调用函数时，实参可以是表达式

    B．调用函数时，实参和形参可以共用内存单元

    C．调用函数时，为形参分配内存单元

    D．调用函数时，实参与形参的类型必须一致

（3）在 C 语言中，调用一个函数时，实参变量和形参变量之间的数据传递是（　　　）。

    A．地址传递

    B．值传递

    C．由实参变量传递给形参变量，并由形参变量传回实参变量

    D．由用户指定传递方式

（4）下面的函数调用语句中含有（　　　）个实参。

```
int a,b,c;
```

```
int sum(int x1,int x2);
…
total=sum((a,b),c);
```
    A. 2   B. 3   C. 4   D. 5

（5）C 语言中（　　　）。

    A. 函数的定义可以嵌套，但函数的调用不可以嵌套

    B. 函数的定义和调用均不可以嵌套

    C. 函数的定义不可以嵌套，但是函数的调用可以嵌套

    D. 函数的定义和调用均可以嵌套

（6）关于 C 语言中的 return 语句，下面的描述正确的是（　　　）。

    A. 只能在主函数中出现

    B. 在每个函数中都必须出现

    C. 可以在一个函数中出现多次

    D. 只能在除主函数之外的函数中出现

3. 填空题

（1）在 C 语言中，定义函数时如果未指定函数类型，则默认的函数类型是_____。

（2）C 语言中没有返回值的函数类型应指定为_____。

（3）下面函数返回值的类型是_____。

```
float fun(float a,double b)
{return a*b;}
```

（4）发生函数调用时，实参和形参间的数据传递有两种方式，即_____和_____。

（5）在一个函数内部调用另一个函数的调用方式称为_____，在一个函数内部直接或间接调用该函数本身的调用方式称为函数的_____。

（6）如果被调函数在主调函数后定义，一般应该在主调函数中或主调函数前对被调函数进行_____。

（7）C 语言中的变量按其作用域分为_____和_____，按其生存期分为_____和_____。

（8）已知如下函数定义，其函数声明的两种写法为_____和_____。

```
double fun(long m,double n)
{return (m+n);}
```

（9）C 语言中变量的存储类别包括_____、_____、_____和_____。

（10）下面程序的执行结果是_____。

```
#include <stdio.h>
int d=1;
void fun(int p)
{
    int d=5;
    d+=p++;
    printf("%d",d);
}
```

```
void main()
{
    int a=3;
    fun(a);
    d+=a++;
    printf("%d",d);
}
```

4. 编程题

（1）编写程序，用函数实现小型计算器的加、减、乘、除功能。

（2）编写有参函数，求两个整数中的较大值。

第8单元

指针

问题引入

前文提到，如果定义一个变量，就会在内存开辟空间存储该变量的值。在程序中引用变量名来使用这个内存空间，而编译时计算机则使用内存的地址来引用它。例如定义一个整型变量 int sum=0;，内存就开辟一个整型变量的空间存储 sum 的值。

每一个变量都有一个对应的内存地址，我们可以定义存储内存地址的变量，就是指针，存储在指针中的地址是另一个变量的首地址。我们可以定义指针变量 p，存放上述变量 sum 的首地址，存储在 p 中的地址是 sum 的第一个字节的地址。

指针是 C 语言中强大的工具之一，也是非常容易让人困惑的知识。虽然指针的使用十分灵活，但也是有章可循、自由有度的。指针的灵活使用还依赖于日常程序设计的训练，只有在正确理解各种形式指针概念的基础上，认真准确地设计指针，对程序的编写精益求精，才能自由操作并熟练地运用指针。

知识目标

1. 了解指针的概念
2. 掌握指针变量的定义、赋值、引用
3. 了解指针变量作为函数参数的用法
4. 了解指针与数组的关系

技能目标

1. 能够运用指针指向变量
2. 学会运用指针变量作为函数参数
3. 学会运用指针指向数组

任务 1　交换两个变量的值——指针概述

● **工作任务**

通过编程解决交换两个变量值的问题，这里我们使用指针变量指向两个整型变量，并且完成交换。

微课视频

指针概述

● **思路指导**

定义变量：定义两个整型变量 a 和 b。

定义指针：定义两个指针变量*p1 和*p2。

输入：输入 a、b 的值。

交换：将两个指针指向两个整型变量，运用指针完成交换 a 的值与 b 的值。

● **相关知识**

一个变量的地址称为该变量的指针。我们可以将指针定义为变量，存储不同的变量地址。

（一）指针变量的定义

定义指针变量的格式如下。

```
基类型 * 指针变量名
```

定义指针变量的示例如下。

```
int *p1;   //定义p1为指向整型变量的指针变量
char *p2;  //定义p2为指向字符型变量的指针变量
float *p3; //定义p3为指向实型变量的指针变量
```

int、char、float 分别称为指针变量 p1、p2、p3 的"基类型"，基类型意为指针变量所指向变量的类型，不是指针变量的类型。

（二）指针变量的赋值

1. 通过取地址运算符 & 获得地址值

单目运算符&用于求出运算对象的地址，利用它可以把一个变量的地址赋给指针变量。

示例如下。

```
int a=5, *p, *q;
p=&a;
scanf ("%d",&a);//和scanf("%d",p);是等价的
```

2. 通过指针变量获得地址值

我们可以通过赋值运算把一个指针变量中的地址值赋给另一个指针变量，从而使这两个指针变量指向同一地址。例如，若有上面的定义，则语句 q=p;使指针变量 q 中也存储了变量 a 的地址，也就是说指针变量 p 和 q 都指向了整型变量 a。

> 🔒 **注意**　赋值号两边指针变量的基类型必须相同。

3. 给指针变量赋"空"值

给指针变量赋"空"值的格式如下。

```
p=NULL;
```

NULL 是在 stdio.h 头文件中定义的预定义符,因此在使用 NULL 时,应该在程序的前面出现预定义行:# include <stdio.h>。

(三)指针变量的引用

注意,&、*运算符是用在指针变量上的,而不是"按位与"和"乘"运算符。&运算符(取地址运算符)表示取变量的地址,*运算符(指针运算符、间接访问运算符)表示访问指针变量指向的变量的值。

● 任务实施

1. 流程图

任务 1 的流程图如图 8-1 所示。

2. 程序代码

```
#include <stdio.h>
void main()
{
    int a,b,*p1,*p2,p;
    printf("请输入 a 和 b: \n");
    scanf("%d,%d",&a,&b);
    p1=&a;
    p2=&b;
    if(a<b)    //用指针交换 a、b
    {
        p=*p1;
        *p1=*p2;
        *p2=p;
    }
    printf("\na=%d,b=%d\n",a,b);
    printf("指针 1max=%d,指针 2min=%d\n",*p1,*p2);
}
```

程序运行结果如图 8-2 所示。

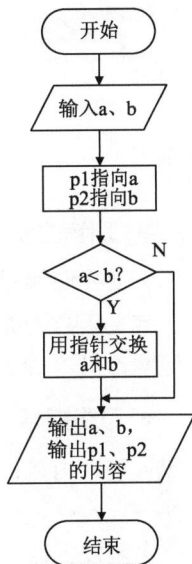

图8-1 任务1的流程图

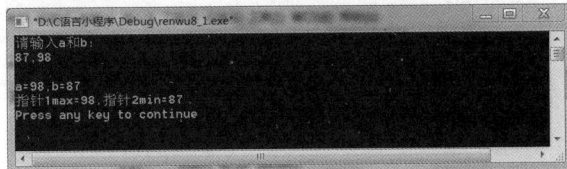

图8-2 任务1的运行结果

● **特别提示**

① C 语言变量遵循"先定义，后使用"，指针变量也不例外，为了表示指针变量是存储地址的特殊变量，定义变量时要在变量名前加"*"。

② 指针变量的基类型（简称指针变量类型）为指针变量指向的存储空间的数据的类型。我们知道，整型数据占用 4 个字节，实型数据占用 4 个字节，字符型数据占用 1 个字节。指针变量类型使得指针变量的某些操作具有特殊的含义。比如，p1++;不是将地址值加 1，而是将地址值加 4（指向后面一个整数）。

③ 本程序定义语句中的*p1 和*p2 是两个指针变量，而交换和输出语句中出现的*p1 和*p2 是指针变量指向的变量的值，即 a 和 b。

任务 2　3 个数排序——指针变量作为函数参数

● **工作任务**

下面我们编写一个程序，完成 3 个数由小到大排序。可以把两个数交换编写成自定义函数，如果用变量名作为函数参数，参数传递是单向的，形参数据交换了但实参仍然不变。所以本任务考虑应用指针变量作为函数参数。

微课视频

指针变量作为
函数参数

● **思路指导**

自定义函数：swap(*p1,*p2)，应用指针变量作为函数参数完成数据的两两交换。

主函数：输入 3 个整数 a、b、c。

条件判断：比较 3 个数中的 a 和 b，如果 a 比 b 大就交换；比较 b 和 c，如果 b 比 c 大就交换；比较 a 和 c，如果 a 比 c 大就交换。完成 3 个数从小到大的排序。

交换：调用自定义函数 swap。

● **相关知识**

指针变量作为函数参数，格式如下。

函数名（* 指针变量 ）

功能：用指针变量作为函数参数将实参值传递给形参。

🔒 **注意**　实参和形参都要是指针变量。

● **任务实施**

1. 流程图

任务 2 的流程图如图 8-3 所示。

2. 程序代码

```
#include <stdio.h>
void swap(int*p1,int*p2)
{
    int temp;
    temp=*p1;
    *p1=*p2;
    *p2=temp;          //交换指针指向变量的值
}
void main()
{
    int a,b,c;
    int *pa,*pb,*pc;
    printf("请输入 a,b,c: \n");
    scanf("%d %d %d",&a,&b,&c);
    pa=&a;
    pb=&b;
    pc=&c;
    if(*pa>*pb)
        swap(pa,pb);       //调用交换函数
    if(*pb>*pc)
        swap(pb,pc);
    if(*pa>*pc)
        swap(pa,pc);
    printf("swaped: \n");
    printf("a=%d,b=%d,c=%d\n",*pa,*pb,*pc);
}
```

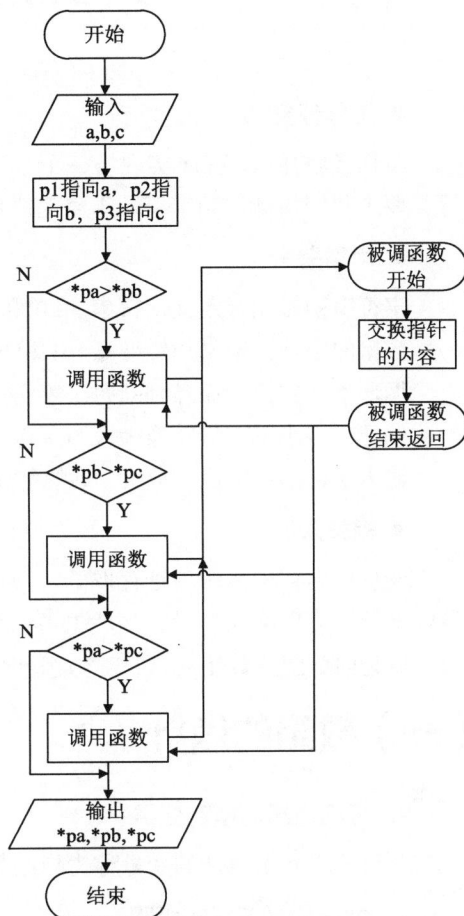

图8-3　任务2的流程图

程序运行结果如图 8-4 所示。

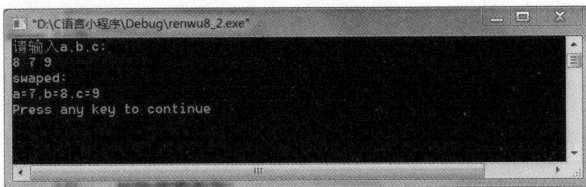

图8-4　任务2的运行结果

● 特别知识

被调函数 swap 通过参数传递获得了实参指针变量指向的变量地址，此时形参指针变量 p1、p2 也已经分别指向实参指针变量所指向的变量 a、b。也就是说实参、形参指针变量指向共同的变量。在函数 swap 中可通过形参指针交换形参指针变量 p1、p2 所指向的变量的值。返回 main 函数后，p1、p2 仍然指向 a、b。但是 a、b 的值已经交换。

任务 3　字母放大镜——通过指针访问数组

微课视频

通过指针
访问数组

● **工作任务**

本任务将用 C 程序实现将一个小写字符串中的每个小写字母转换为大写字母，要求利用指针访问字符数组来完成任务。

● **思路指导**

字符串初始化：定义字符串 a[20] 和 b[20]，并用 gets 函数输入字符串 a。

数组的指针：定义指针变量 *p1 和 *p2 指向两个数组的首地址。

循环条件判断：循环判断每个字符是否为小写字母。

处理：将小写字母转换为大写字母，其余字符不变，转换后的结果存入字符串 b 中。

输出字符串：输出"放大"后的字符串 b。

● **相关知识**

变量在内存中是按地址存取的，数组在内存中也是按地址存取的。指针变量可以用于存放变量的地址，可以指向变量，当然也可以存放数组的首地址和数组元素的地址。这就是说，指针变量可以指向数组或数组元素，对数组和数组元素的引用也同样可以用指针变量实现。

（一）数组的指针

1. 指向数组的指针变量

存放数组元素地址的变量称为指向数组的指针变量。

2. 数组指针变量的声明

数组指针变量的声明格式如下。

```
数组基类型*p;
p=数组名;或 p=&数组名 [0];
```

或者如下。

```
数组基类型 *p= 数组名 ;
```

例如 p=a，把数组的首地址赋给指针变量 p，那么 a[i] 甚至可以表示为 p[i]（指针变量带下标）。

3. 数组指针变量的定义

数组指针变量的定义与数组元素的指针变量的定义相同，其实质就是基类型指针变量的定义。

例如，int a[10], *p;定义了一个整型数组 a，如果需要定义指向该数组的指针变量就要定义一个整型指针变量 p。

4. 数组指针变量的初始化

① 定义时初始化。可以使用已经定义的数组的数组名来初始化数组指针变量。

示例如下。

```
int a[10], *p=a;//在定义数组指针变量 p 的同时将其初始化，指向已经定义的数组 a
```

② 通过赋值初始化。将数组的首地址赋给数组指针变量。

示例如下。

```
int a[10], *p;//定义了一个整型数组 a，一个整型指针变量 p
p=a;//或者 p=&a[0];，将数组 a 的首地址赋给整型变量 p，此时 p 就是指向数组的指针变量
```

5. 通过指针访问数组元素

（1）指针 p+i 的含义

指针 p+i 不是地址值 p 增加 i 个字节后的地址值，而是 p 向后移动 i 个基类型元素后的地址值。p–i、p++、p--都有类似的含义。

（2）通过指针访问数组元素

前面的单元都是通过下标来访问数组元素的，数组元素的访问还可以通过指针完成。

① 数组元素的地址表示。

例如 p 定义为指向数组 a 的指针。数组元素 a[i]的地址可以表示为&a[i]、p+i、a+i。

② 数组元素的访问。

数组元素 a[i]的访问可以是 a[i]、*(p+i)、*(a+i)。

数组指针变量、数组名在许多场合中甚至可以交换使用。例如 p=a，那么 a[i]甚至可以表示为 p[i]（指针变量带下标）。

（二）字符串的指针

在 C 语言中，以字符'\0'作为字符串结束符。虽然 C 语言中没有字符串数据类型，但却可以使用字符串常量。字符串常量被隐含处理成一个以'\0'结尾的无名的字符型一维数组。

1. 字符串指针的定义与赋值

（1）定义时赋初值使字符串指针指向一个字符串

示例如下。

```
char *ps="Hello!";
```

（2）通过赋值运算使字符串指针指向字符串

示例如下。

```
char *ps;
ps="Hello!";
```

2. 字符数组与字符串指针的使用

在 C 语言中，有关字符串的大量操作都与字符串结束符'\0'有关。因此，可以把在字符数组中的有效字符后面加上'\0'这一特定情况下的一维字符数组看作字符串变量。

示例如下。

```
char st[10]= "Hello!";
char *ps=st;
```

（1）字符数组

对于字符数组，不能使用 st++操作使其指向字符数组中的某个字符，因为字符数组名是字符数组的首地址，它是一个地址常量，其值不能改变。

（2）字符串指针

我们可以使用 ps++ 移动 ps，使 ps 指向后面的字符。

● **任务实施**

1. 流程图

任务 3 的流程图如图 8-5 所示。

2. 程序代码

```c
#include <stdio.h>
#include <string.h>
void main()
{
    char a[20], b[20], *p1, *p2;
    int i;
    printf("请输入字符串：\n");
    gets(a);
    for(p1=a,p2=b; *p1!='\0'; p1++, p2++)      //循环
        if(*p1>='a'&&*p1<='z')
        {
            *p1=*p1-32;
            *p2=*p1;
        }
        else
            *p2=*p1;
    *p2='\0';                                  //为 p2 加结束符
    printf("放大镜：");
    puts(b);
}
```

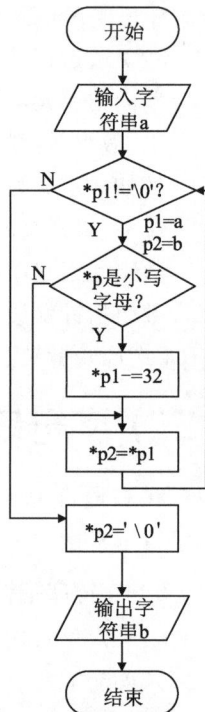

图8-5　任务3的流程图

程序运行结果如图 8-6 所示。

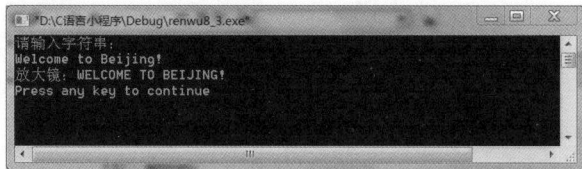

图8-6　任务3的运行结果

拓展与提高

（一）指针与二维数组

指针可以指向一维数组，也可以指向二维数组。二维数组的指针是二维数组的地址（首地址）。二维数组的指针变量就是存放二维数组地址的变量。

二维数组的数组元素与一维数组的数组元素一样,既可以用下标表示(访问),又可以用指针表示(访问),还可以用下标与指针组合的形式表示(访问)。二维数组是常用的数组,后面以二维数组为例进行分析,分析的结果也可以推广到一般的多维数组。

1. 二维数组的地址

我们知道指针和地址密切相关,要清楚地理解二维数组指针,首先必须对二维数组的地址有清晰的认识。

假设有一个二维数组 s[3][4]。

s 数组是一个 3×4(3 行 4 列)的二维数组。可以将它想象为一个矩阵,各个数组元素按行存储,即先存储 s[0]行的各个数组元素(s[0][0]、……、s[0][3]),再存储 s[1]行的各个数组元素(s[1][0]、……、s[1][3]),最后存储 s[2]行的各个数组元素(s[2][0]、……、s[2][3])。

因为二维数组 s 可以看成由一维数组作为数组元素的数组,在内存中按行顺序存储,s 是数组元素为行数组的一维数组的数组名,就是说 s 是数组元素为行数组的一维数组的首地址,s+i 即数组元素为行数组的一维数组的第 i 个数组元素的地址,即*(s+i)=s[i]。同理,s[i](i=0,1,2)是第 i 个行数组的数组名,s[i]+j 就是第 i 个行数组中第 j 个数组元素的地址。也就是说,二维数组中任何一个数组元素 s[i][j]的地址可以表示为 s[i]+j,即二维数组中任何一个数组元素 s[i][j]=*(s[i]+j)。

综上所述,二维数组中任何一个数组元素 s[i][j]的地址可以表示为如下形式。

```
&s[i][j]=s[i]+j=*(s+i)+j
```

因此,二维数组中任何一个数组元素可以表示为如下形式。

```
s[i][j]= * (s[i]+j)= * (*(s+i)+j)
```

2. 指向二维数组的指针变量

例 8-1   用指向数组元素的指针变量输出数组元素的值。

```
#include <stdio.h>
void main()
{
    int a[3][4]={{0,2,4,6},{1,3,5,7},{9,10,11,12}};
    int *p;
    printf("用指针变量输出数组元素的值: \n");
    for(p=a[0]; p<a[0]+12; p++)
    {
        if((p-a[0])%4==0)
            printf("\n");
        printf("%-3d",*p);
    }
}
```

(二)指针数组

由若干个指针变量组成的数组称为指针数组,指针数组也是一种数组,数组的概念都适用于它。但是指针数组与普通的数组又有区别,它的数组元素是指针类型的,只能用来存放地址值。

也就是说,指针数组是一组有序的指针变量的集合。指针数组的所有数组元素都必须是具有相同存储类型和指向相同数据类型的指针变量。

指针数组格式如下。

类型说明符 * 数组名 [数组长度]

其中，类型说明符为指针变量所指向的变量的类型。例如，int*pa[3];表示 pa 是一个指针数组，它有 3 个数组元素，每个数组元素都是一个指针变量，指向整型变量。通常可用一个指针数组来指向一个二维数组。指针数组中的每个数组元素被赋予二维数组每一行的首地址，因此也可理解为指向一个一维数组。

例 8-2 比较指针数组和二维数组指针变量。

```
#include <stdio.h>
void main()
{
    int a[3][3]={1,2,3,4,5,6,7,8,9};
    int *pa[3]={a[0],a[1],a[2]};
    int i,j;
    printf("使用数组 a 输出：\n");
    for(i=0;i<3;i++)
    {
        for(j=0;j<3;j++)
            printf("%-3d",a[i][j]);
        printf("\n");
    }
    printf("使用指针数组 pa 输出：\n");
    for(i=0;i<3;i++)
        printf("%-3d%-3d%-3d\n",*pa[i], *(pa[i]+1),*(pa[i]+2));
}
```

在例 8-2 中，pa 是一个指针数组，其中的 3 个数组元素分别指向二维数组 a 的各行。然后用循环语句输出指定的数组元素。其中 a[i][j]表示 i 行 j 列的元素值；*pa[i]表示 i 行 0 列的元素值；由于 pa[i]与 a[i]相同，是 i 行一维数组的第一个数组元素，*pa[i]表示它的值，因此 pa[i]+1 表示 i 行第二个数组元素，*(pa[i]+1)表示 i 行第二个元素的值。

这里要注意指针数组和二维数组指针变量的区别，这两者虽然都可用来表示二维数组，但其表示方法和意义是不同的。

二维数组指针变量是单个的变量，其一般形式中"(*指针变量名)"两边的圆括号（半角）不可少。而指针数组类型表示的是多个指针变量（一组有序指针变量），在一般形式中"*指针数组名"两边不能有圆括号（半角）。例如 int *p[3];表示 p 是一个指针数组，有 3 个下标变量 p[0]、p[1]、p[2]，均为指针变量。

单元小结

本单元主要介绍了指针的概念和指针变量的定义、赋值与引用，还介绍了指向数组的指针、指向字符串的指针，并讨论了二维数组的指针变量和指针数组。

所谓指针，其实就是地址。由于可以通过地址找到存储于内存中的变量，因此形象地把地址称为指针。

指针变量是存储地址的变量，通过指针变量可以很方便地对存储于内存单元中的变量进行操作。

在用指针处理数组时，可以通过指针的移动来访问数组的每一个数组元素。在用指针处理字符串时，可以充分利用字符串结束符'\0'。

二维数组被看作按行顺序存储的一维数组，指针的处理可以参考一维数组。指针数组一般用来处理多个字符串或多维数组的行。

思考与训练

1. 讨论题

请简述指针变量、指针变量作为函数参数、数组的指针和指针数组的概念与应用。

2. 选择题

（1）若 char s[10], *p=s;，则下列语句错误的是（　　　）。

A. p=s+5;　　　　　B. s=[p+s];　　　　　C. s[2]=p[4];　　　　　D. *p=s[0];

（2）已知定义语句 char **s;，则下列语句正确的是（　　　）。

A. s="computer";　　B. *s="computer";　　C. **s="computer";　　D. *s='A';

（3）说明语句 int (*p)();的含义是（　　　）。

A. p 是一个指针型函数，返回值为指针

B. p 是指针变量，它指向一个整型数据的指针

C. p 是一个指向函数的指针，该函数的返回值为整型

D. 以上答案都不对

（4）下列语句中，能表示 p 是一个指向整型变量的指针变量的是（　　　）。

A. int **p;　　　　　B. int *p;　　　　　C. int (*p)() ;　　　　　D. int *p[];

（5）下列叙述中，错误的是（　　　）。

A. 一个变量的地址称为该变量的指针

B. 一个指针变量只能指向同一数据类型的变量

C. 指针变量中只能存放地址

D. 指针变量可以由整型数据赋值

（6）若定义语句 int var,arr[10],*p;，则下列语句中非法的是（　　　）。

A. p=&var;　　　　　B. p=arr;　　　　　C. p=10;　　　　　D. p=&arr[5];

（7）两个指针变量不可以进行的操作是（　　　）。

A. 相加　　　　　B. 相减　　　　　C. 指向同一个地址　　　　　D. 比较

3. 填空题

（1）下列程序的功能：从终端输入一行字符，以"$"作为结束，把该字符串存储在字符数组 s 中，然后输出。请在空白处填上适当的语句使程序完整。

```
#include <stdio.h>
```

```
#define MAXSIZE 100
main( )
{
    char str[MAXSIZE], *p;
    int n;
    printf("请输入: \n");
    for(n=0;n< MAXSIZE-1;n++)
    {
        str[n]=getchar();
        if(str[n]=='$')
            break;
    }
    str[n]=_____;
    p=str;
    printf("输出为: \n");
    while(*p)
        putchar(_____);
    printf("\n");
}
```

（2）下列程序的执行结果是_____。

```
#include <stdio.h>
void f(int a,int b,int *p1,int *p2)
{
    *p1=a*b;
    *p2=a%b;
}
void main()
{
    int x,y, *p, *q;
    x=10;y=4;
    p=&x;
    q=&y;
    f(x,y,p,q);
    printf("%d,%d\n",*p, *q);
}
```

4. 编程题

（1）利用指针输入学生的成绩并判断等级。

（2）利用指针实现四则运算计算器。

（3）利用指针求数组中的最大数和最小数。

（4）利用指针完成 10 个数的排序。

第9单元

结构体和文件

▷ 问题引入

首先看一个例子：新生入学登记表，要求登记每个学生的学号、姓名、性别、年龄、身份证号、家庭住址、联系方式等信息，如表 9-1 所示。

表9-1　新生入学登记表

学号	姓名	性别	年龄	身份证号	家庭住址	联系方式
11301	张平	W	19	1301*************	河北省石家庄市桥西区	158********
11302	李民	M	20	1301*************	河北省石家庄市裕华区	159********
……	……	……	……	……	……	……

我们可以用前面学过的数组来解决此问题。在此问题中，因为有很多学生的信息要处理，按照我们前面学习过的知识，数组是由相同类型的数据构成的，所以我们可以使用 7 个单独的数组（学号数组 no、姓名数组 name、性别数组 sex、年龄数组 age、身份证号数组 pno、家庭住址数组 addr、联系方式数组 tel）分别保存这几类信息。虽然分别设立的几个数组将给数据的处理造成麻烦，但很多计算机语言只能这样处理此问题（如早期的 FORTRAN、Pascal、BASIC）。本单元我们用 C 语言提供的结构体类型来处理此问题。

另外，在前面各单元进行数据处理时，无论数据量有多大，每次运行程序都需要通过键盘输入数据，程序处理的结果也只能输出到屏幕上。如果将输入或输出的数据以磁盘文件的形式存储起来，在进行大批量数据处理时将会十分方便。本单元通过两个任务完成复杂数据的组织和存储。

知识目标

1. 掌握结构体类型的定义方法
2. 掌握结构体变量、结构体数组和结构体指针的定义方法
3. 掌握结构体成员和结构体变量的引用方法
4. 了解文件的基本概念
5. 了解文件操作的几个重要函数

技能目标

1. 结构体的应用——能够有效地组织和使用复杂数据
2. 文件的操作——了解数据的外部存储和使用方法

任务 1 存储职工信息——结构体的应用

微课视频

结构体的应用

● 工作任务

现在是一个信息化的时代，办公室主任小孙为了工作方便，计划用 C 语言编写一个程序，实现本部门职工信息的存储和输出，职工信息如表 9-2 所示。

表9-2　职工信息

姓名	性别	出生日期	身份证号	家庭住址	联系方式
李新平	W	1960 年 3 月 25 日	1301**************	石家庄市瑞嘉花园 3-1-101	159*********
张良	M	1978 年 4 月 23 日	1301**************	石家庄市都市晶华 4-5-302	187*********
……	……	……	……	……	……

● 思路指导

C 语言可以利用结构体将属于同一个对象的不同类型数据组成一个有联系的整体。

结构体是一种自定义数据类型。在本任务中，需要存储、输出多个职工（对象）的信息，可以使用数组元素为结构体类型的数组，其中每个数组元素是一个职工（对象）的相关的整体信息。

● 相关知识

（一）定义结构体类型

结构体是一种构造类型（自定义数据类型），除结构体变量需要定义后才能使用外，结构体类型本身也需要定义。结构体由若干成员组成，每个成员可以是一个基本的数据类型，也可以是一个已经定义的结构体类型。

1. 结构体类型定义的一般形式

```
struct 结构体名
{
  类型 1 成员 1;
  类型 2 成员 2;
   …
  类型 n 成员 n;
};
```

2. 几点说明

① 结构体名即结构体类型的名称，遵循标识符命名规则。

② 结构体有若干成员，分别属于各自的数据类型。结构体成员名同样遵循标识符命令规则，可以与程序中其他变量或标识符同名。

③ 使用结构体类型时，"struct 结构体名"作为一个整体，表示名称为"结构体名"的结构体类型。

④ 结构体类型的成员可以是基本数据类型，也可以是其他已经定义的结构体类型。"问题引入"中给出的学生信息的结构体类型定义如例 9-1 所示。

例 9-1 结构体类型定义示例。

```
struct student
{
 int no;
 char name[20];
 char sex;
 int age;
 char pno[19];
 char addr[80];
 char tel[12];
};
```

在此例中，"struct student"中的"student"是结构体类型名，"struct"是关键字，在定义和使用时均不能省略。该结构体类型由 7 个成员组成，各成员可以属于不同的数据类型。

（二）定义和初始化结构体变量

1. 定义结构体变量

（1）先定义结构体类型，再定义结构体变量

结构体类型定义（前面已经介绍过）；
结构体变量定义；

其中，结构体变量定义的格式如下。

struct 结构体名 结构体变量名；

示例如下。

```
struct student
{
  int no;
  char name[20];
  char   sex;
  int age;
  char pno[19];
  char addr[80];
  char tel[12];
}; /*定义结构体类型 struct student */
struct student student1,student2;  /*定义 2 个类型为 struct student 的结构体变量
student1 和 student2 */
```

（2）在定义结构体类型的同时定义结构体变量

```
struct 结构体名
{ ...结构体成员...
} 结构体变量名表 ;
```

示例如下。

```
struct student
{
 int no;
 char name[20];
 char sex;
 int age;
 char pno[19];
 char addr[80];
 char tel[12];
} student1,student2;
```

这是一种紧凑的格式，既定义类型，也定义变量。如果需要，在程序中还可以使用已定义的结构体类型定义其他同类型变量。

（3）直接定义结构体变量（不给出结构体名，即匿名的结构体类型）

```
struct
{ ...结构体成员...
}结构体变量名表;
```

示例如下。

```
struct
{
 int no;
 char name[20];
 char sex;
 int age;
 char pno[19];
 char addr[80];
 char tel[12];
}student1,student2;
```

结构体类型与结构体变量是两个不同的概念，在定义时一般先定义一个结构体类型，然后定义变量为该类型；赋值、存取或运算只能针对变量，不能针对类型；编译时只对变量分配空间，对类型不分配空间。

2. 结构体变量的初始化

结构体变量的存储类型可分为自动类型、静态类型和外部类型，没有寄存器类型的结构体变量。结构体变量初始化形式如下。

```
struct 结构体名
{
   类型 1 成员 1;
   类型 2 成员 2;
   …
   类型 n 成员 n;
}结构体变量名={初始化数据};
```

例 9-2 对结构体变量的初始化。

```
#include <stdio.h>
void main()
{
struct stu
   {
     int num;
     char *name;
     char sex;
     float score;
}boy2,boy1={102, "zhang ping", 'M',78.5};
   boy2=boy1;
   printf({"number=%d\n name=%s\n",boy2.num,boy2.name};
   printf({"sex=%c\n score=%f\n",boy2.sex,boy2.score};
}
```

（三）结构体变量的引用

引用结构体变量的基本格式如下。

结构体变量名.结构体成员名

其中，"."运算符是结构体成员引用运算符。

引用结构体变量的示例如下。

```
student1.num=11301;
scanf("%s",student1.name);
student1.age++;
```

（四）结构体数组

数组元素类型为结构体类型的数组称为结构体数组，C 语言允许使用结构体数组存放一类对象的数据。

类似结构体变量定义，只是将"结构体变量名"用"结构体数组名[数组的长度]"代替，结构体数组的定义也有 3 种方式。

① 先定义结构体类型，然后定义结构体数组。

struct 结构体名 {…}; struct 结构体名 结构体数组名 [数组的长度];

② 定义结构体类型的同时定义结构体数组。

struct 结构体名 {…} 结构体数组名 [数组的长度];

③ 匿名结构体数组定义。

struct {…} 结构体数组名 [数组的长度];

例 9-3 定义有 30 个数组元素的结构体数组 stu，其中每个数组元素都是 struct student 类型。

```
    struct student
{
int no;
char name[20];
char sex;
int age;
char pno[19];
char addr[40];
char tel[20];
}stu[30];
```

定义了结构体数组后，可以采用"数组元素.成员名"的方式引用结构体数组中的某个数组元素。

● **任务实施**

1. 流程图

任务 1 的流程图如图 9-1 所示。

2. 程序代码

```
#include <stdio.h>
/*出生日期的定义*/
typedef struct {
    int year;
    int month;
    int day;
} birthday;

/*职工信息的定义*/
typedef struct {
    char name[20];
    char sex[8];
    birthday date;
    char pno[19];
    char addr[80];
    char tel[12];
    } ZG;
```

图9-1 任务1的流程图

```c
int main() {
    ZG zg[100];
    int count = 0;
int i;
char choice;
    while (1)
    {
        printf("请输入第%d名职工的姓名: ", count + 1);
        scanf("%s", zg[count].name);
        printf("请输入第%d名职工的性别（W/M）: ", count + 1);
        scanf("%s", &zg[count].sex);
        printf("请输入第%d名职工的出生日期: ", count + 1);
        scanf("%d%d%d",&zg[count].date.year,&zg[count].date.month,&zg[count].
date.day);
        printf("请输入第%d名职工的身份证号:", count + 1);
         scanf("%s", &zg[count].pno);
        printf("请输入第%d名职工的家庭住址: ", count + 1);
        scanf("%s", &zg[count].addr);

        printf("请输入第%d名职工的联系方式: ", count + 1);
        scanf("%s", &zg[count].tel);
        printf("是否继续录入下一名职工的信息？（y/n）: ");
        scanf(" %c", &choice);
        if (choice == 'n' || choice == 'N')
          {
          break;
          }
        count++;
    }
    // 输出所有已录入的员工信息
    printf("\n%-8s%-8s%-16s%-20s%-16s%18s\n\n","姓名","性别","出生日期","身份证号",
"家庭住址","联系方式" );
    for (i = 0; i < count + 1; i++)
  {
        printf("%s\t", zg[i].name);
        printf("%s\t", zg[i].sex);
        printf("%d年%d月%d日\t",zg[i].date.year,zg[i].date.month,zg[i].date.
day);
        printf("%6s" ,zg[i].pno);
        printf("  %s" ,zg[i].addr);
        printf("   %s" ,zg[i].tel);
    printf("\n");
```

```
    }
    return 0;
}
```

运行结果如图 9-2 所示。

图9-2 任务1的运行结果

● **特别提示**

① 结构体成员本身又是结构体类型时的子成员访问——使用成员运算符逐级访问。
示例如下。

```
student1.birthday.year
student1.birthday.month
student1.birthday.day
```

② 同一种类型的结构体变量之间可以直接赋值（整体赋值，成员逐个依次赋值）。
例如 student2=student1;。

③ 不允许将一个结构体变量整体输入或输出。

④ 在对结构体数组初始化时，要将每个数组元素的数据用"{}"标注。

任务 2 实现小型通信录——文件的运用

本任务我们将学习文件的概念、分类、文件指针、文件操作等相关知识。

● **工作任务**

为了方便管理，班主任小王计划建立信息管理班通信录。他想到本学期该班
的学生正好学习了 C 语言程序设计课程，于是，他安排学习委员张雪利用 C 语言
的文件操作设计开发一个小型的通信录管理系统，该系统至少具有如下功能。

① 通信录内的人员信息至少包括学号、姓名、家庭地址、电话号码。

② 可以显示所有人员的信息。

③ 可以通过输入姓名查询人员信息。

④ 可以通过输入姓名查询到要删除的人员信息，然后可以进行删除。

⑤ 可以通过输入姓名查询到要修改的人员信息，然后可以进行修改。

⑥ 可以增加人员信息。

● 思路指导

根据要求，通信录数据以文本文件的形式存放，故需要提供文件的输入、输出等操作；还需要保存记录以进行修改、删除、查询等操作；另外还应提供键盘式选择菜单实现功能选择；可以根据要求增加用户想增加的人员信息。

● 相关知识

（一）初识文件

文件是计算机中的一个重要概念，通常是指存储在外部介质上的数据的集合。存储程序代码的文件称为程序文件，存储数据的文件称为数据文件。每个文件都有一个名称，文件名是文件的标识，操作系统以文件为单位对数据进行管理，通过文件名访问文件。

1. 区别不同的文件

（1）文本文件和二进制文件

根据文件的组织形式，文件可以分为文本文件和二进制文件。

① 文本文件（文本数据流）：文本文件由一行行的字符组成，每一个字符以其 ASCII 值形式存放，每一个字符占一个字节。文本文件的优点是可以阅读，可以输出，但是计算机进行数据处理时需要将其转换为二进制数的形式。

② 二进制文件：将内存中的数据按照其在内存中的存储形式原样输出，并保存在文件中。二进制文件占用空间少，内存数据和磁盘数据交换时无须转换，但是二进制文件不可阅读、输出。

例如，同样的整数 10 000，如果保存在文本文件中，就可以用 edit 文本编辑器阅读，它占用 5 个字节；如果保存在二进制文件中，不能阅读，但是一个整数在内存中用补码表示并占用 4 个字节，所以如果保存在二进制文件中就占用 4 个字节。

文本文件、二进制文件不是用扩展名来确定的，而是用内容来确定的。但是文件扩展名往往隐含其类别，如*.txt 代表文本文件、*.exe 代表二进制文件。

（2）缓冲文件系统和非缓冲文件系统

① 缓冲文件系统：系统自动地在内存中为每个正在使用的文件开辟一个缓冲区。在从磁盘中读数据时，依次将磁盘文件中的一些数据输入内存缓冲区（充满缓冲区），然后再从缓冲区中逐个将数据送给接收变量；向磁盘文件中输出数据时，先将数据送到内存缓冲区，装满缓冲区后才一起输出到磁盘。这样就可以减少对磁盘的实际访问（读写）次数，从而加快了程序执行的速度，但是占用了一块内存空间。此外，如果没有及时关闭文件，会造成数据的丢失。

② 非缓冲文件系统：数据存取时直接通过磁盘，并不会将数据放到一个较大的内存空间中。由于篇幅有限，本书对此部分不进行介绍。

（3）顺序存取文件和随机存取文件

顺序存取文件的特点：每当"打开"这类文件进行读写操作时，总是从文件的开始处，从头到尾顺序读写。所以，当数据量非常庞大时，顺序存取文件的读写速度相当缓慢。

随机（直接）存取文件的特点：可以通过调用 C 语言库函数指定开始读（或写）的字节号，然后进行读（或写）。利用随机存取文件做数据查找时，通常会用一些公式来计算指针要指向哪一条数据，找到符合条件的数据后，再对该数据进行存取操作。

无论是二进制文件还是文本文件，C 语言都将其看作一个数据流，即文件是由一串连续的、无间隔的字符数据构成的，处理数据时不需要考虑文件的性质、类型和格式，只是以字节为单位对数据进行存取。

2. 操作文件的基本方法和步骤

C 语言操作文件主要有 3 个基本步骤：打开文件、读写数据、关闭文件。

程序在打开文件时，首先在内存中为输入、输出数据开辟缓冲区；向文件中写数据时，先将数据送入输出文件缓冲区中，当输出文件缓冲区写满时，再一起写到外存上；从文件中读取数据也是这样，只不过顺序相反。如果缓冲区不满时结束操作，文件中的数据就会丢失；但如果关闭文件，不管缓冲区是否已经写满，都会把缓冲区的数据写入外存中，数据不会丢失。

不打开文件无法读写文件中的数据，不关闭文件就会浪费操作系统资源，并可能导致数据丢失。所以，在对文件的操作结束后，一定要及时关闭文件。

3. 指向文件——文件类型和文件指针

（1）文件类型（结构体类型）——FILE 类型

FILE 类型是一种结构体类型，在这个结构体类型中包含了缓冲区的大小、文件状态标志、文件描述符等信息。该结构体类型在 C 语言中已预先定义，包含在头文件 stdio.h 中。

程序使用一个文件，系统就为此文件开辟一个 FILE 类型变量。程序使用几个文件，系统就开辟几个 FILE 类型变量，这些变量用于存放各个文件的相关信息。

（2）文件指针

通常对 FILE 类型的访问是通过 FILE 类型指针变量（简称文件指针变量）完成的，文件指针变量指向 FILE 类型变量。简单地说，文件指针指向文件。

事实上只需要使用文件指针完成文件的操作，根本不必关心 FILE 类型变量的内容。在打开一个文件后，系统开辟一个 FILE 类型变量并返回此文件的文件指针；将此文件指针保存在一个文件指针变量中，以后所有对文件的操作都通过此文件指针变量完成；直到关闭文件，文件指针指向的 FILE 类型变量释放。我们可以用语句 fp=fopen("mydata.txt", …);打开文件。执行时，系统开辟一个 FILE 类型变量，并返回文件指针，将此指针赋值（保存）给文件指针变量 fp。可以用语句 fclose(fp);关闭文件，释放文件指针变量 fp 指向的 FILE 类型变量。

4. 打开与关闭文件

使用文件要遵循一定的规则。C 语言同其他高级语言一样，在使用文件之前应该打开文件，使用结束后要及时关闭文件。

（1）文件的打开（fopen 函数）

调用 fopen 函数的格式如下。

```
FILE *fp;
```

注意

一定要将函数返回的文件指针赋值给文件指针变量。

调用 fopen 函数的示例如下。

```
FILE *fp;
fp=fopen("d:\\a1.txt", "r");
```

> **说明**
> ① 打开 D 盘根目录下文件名为 a1.txt 的文件，打开方式"r"表示只读。
> ② fopen 函数返回指向 d:\\a1.txt 的文件指针，然后赋值给 fp，fp 指向此文件，即 fp 与此文件关联。
> ③ 关于文件名要注意：文件名包含"文件名.扩展名"，路径要用"\\"表示。

（2）关于打开方式

① 打开文件后一定要检查 fopen 函数的返回值，因为有可能文件不能被正常打开。文件不能被正常打开时 fopen 函数返回 NULL。

可以用下面的形式检查。

```
if((fp=fopen(…))==NULL){ printf("error open file\n"); exit(1); }
```

② "r"方式：只能从文件中读取数据而不能向文件中写入数据。该方式要求想要打开的文件已经存在。

③ "w"方式：只能向文件中写入数据而不能从文件中读取数据。如果文件不存在，创建文件；如果文件存在，原来的文件被删除，然后重新创建文件（相当于覆盖原来的文件）。

④ "a"方式：在文件末尾添加数据，而不删除原来的文件。该方式要求欲打开的文件已经存在。

⑤ "+"（"r+""w+""a+"）：均为可读、可写。但是"r+"和"a+"要求文件已经存在，"w+"无此要求；"r+"表示打开文件时文件指针指向文件开头，"a+"表示打开文件时文件指针指向文件末尾。

⑥ "b、t"：以二进制或文本方式打开文件，默认是文本方式，t 可以省略。读文本文件时，将"回车/换行"转换为一个"换行"；写文本文件时，将"换行"转换为"回车/换行"。

⑦ 程序开始运行时，系统自动打开 3 个标准文件：标准输入、标准输出、标准出错输出。一般这 3 个文件对应于键盘、显示器、终端。这 3 个文件不需要手动打开就可以使用。标准输入、标准输出、标准出错输出对应的文件指针分别是 stdin、stdout、stderr。

（3）文件的关闭（fclose 函数）

文件使用完毕后必须关闭，以避免数据丢失。

调用 fclose 函数的格式：fclose（文件指针）。

（二）读写文本文件

在程序中，调用输入函数从外部文件中输入数据赋给程序中的变量，这种操作称为读操作，调用输出函数把程序中变量的值或程序运行结果输出到外部文件中，这种操作称为写操作。下面给出几个读写文本文件（ASCII 文件）的函数。

1. 文件的字符输入、输出函数

（1）fputc 函数——写一个字符到磁盘文件

格式：fputc(ch,fp)。

功能：将字符 ch 写入 fp 所指向的磁盘文件。

返回：输出成功返回值为字符 ch，输出失败返回 EOF（−1）。

> **说明**
> 每次写入一个字符，文件指针自动指向下一个字节。

例 9-4 由键盘输入一行字符，并将字符写入文本文件 string.txt 中。

```c
#include <stdio.h>
void main()
{
  FILE *fp;
  char ch;
  if((fp=fopen("string.txt","w"))==NULL)
  /* 打开文件 string.txt(写) */
  {
    printf("can't open file\n");exit(1);
  }
  do                    /* 不断由键盘输入字符并写入文件，直到遇到换行符 */
  {
  ch=getchar();    /* 由键盘输入字符 */
  fputc(ch,fp);    /* 将字符写入文件 */
  }while(ch!= '\n');
  fclose(fp);          /* 关闭文件 */
}
```

（2）fgetc 函数——从磁盘文件中读一个字符

格式：ch=fgetc(fp)。

功能：从 fp 所指向的磁盘文件中读一个字符，字符由函数返回。返回的字符可以赋值给 ch，也可以直接参与表达式运算。

返回：输入成功返回输入的字符，遇到文件结束返回 EOF（-1）。

> **说明**
> ① 每次读入一个字符，文件指针自动指向下一个字节。
> ② 文本文件的内部全部是 ASCII 字符，其值不可能是 EOF（-1），所以可以使用 EOF（-1）确定文件结束；但是对二进制文件不能这样做，因为可能文件中某个字节的值恰好等于-1，此时使用-1 判断文件结束是不恰当的。为了解决这个问题，ANSI C 提供了 feof 函数，该函数用于判断文件是否真正结束。

2. 判断文件结束函数 feof

feof 函数——判断文件是否结束

格式：feof(fp)。

功能：在程序中判断被读文件是否已经读完。feof 函数既适合文本文件结束的判断，也适合二进制文件结束的判断。

返回：当遇到结束标志时，函数返回值是 1，否则返回值为 0。

例 9-5　将磁盘上一个文本文件的内容复制到另一个文件中。

```c
#include <stdio.h>
void main()
{
  FILE *fp_in, *fp_out;
  char infile[20],outfile[20];
  printf("Enter the infile name: ");
  scanf("%s",infile);                    /* 输入欲复制的源文件的文件名 */
  printf("Enter the outfile name: ");
  scanf("%s",outfile);                   /* 输入复制的目标文件的文件名 */
  if((fp_in=fopen(infile, "r"))==NULL)   /* 打开源文件 */
  {
    printf("can't open file: %s",infile);  exit(1);
  }
  if((fp_out=fopen(outfile, "w"))==NULL) /* 打开目标文件 */
  {
    printf("can't open file: %s",outfile);  exit(1);
  }
  while(!feof(fp_in))                     /* 若源文件未结束 */
  {
fputc(fgetc(fp_in),fp_out);              /* 从源文件读一个字符，写入目标文件 */
  }
  fclose(fp_in);                         /* 关闭源、目标文件 */
  fclose(fp_out);
}
```

3. 文件的字符串输入、输出函数

（1）fgets 函数——从磁盘文件中读一个字符串

格式：fgets（字符串指针变量 str,字符串长度 n,文件指针变量 fp）。

功能：从 fp 所指向的文件中读取 $n-1$ 个字符，并将这些字符放到以 str 为起始地址的内存单元中。如果在读取 $n-1$ 个字符结束前遇到换行符或 EOF，读取结束。字符串读取后在最后加一个'\0'。

返回：输入成功返回输入串的首地址，遇到文件结束或出错返回 NULL。

例 9-6　编写一个将文本文件中全部信息显示到屏幕的程序。

```c
#include <stdio.h>
void main(int argc,char *argv[])
{
  FILE *fp;
  char string[81];        /* 最多保存 80 个字符，外加一个字符串结束符 */
  if(argc!=2||(fp=fopen(argv[1], "r"))==NULL) /* 打开文件 */
  {
    printf("can't open file"); exit(1);
```

```
      }
      while(fgets(string,81,fp)!=NULL)
/* 如果未读到文件末尾（EOF），函数不会返回 NULL，继续循环（执行循环体）  */
/* 从文件中一次读取 80 个字符，遇换行符或 EOF，提前返回字符串 */
          printf("%s",string);         /* 输出字符串 */
      fclose(fp);                       /* 关闭文件 */
}
```

（2）fputs 函数——写一个字符串到磁盘文件

格式：fputs（字符串 str,文件指针变量 fp）。

功能：向 fp 所指向的磁盘文件中写入以 str 为首地址的字符串。

返回：输入成功返回 0，出错返回非 0 值。

例 9-7 在文本文件 string.txt 末尾添加若干行字符。

```
#include <stdio.h>
void main()
{
  FILE *fp;
  char s[81];
  if((fp=fopen("string.txt","a"))==NULL)     /* 打开文件 */
  {
    printf("can't open file\n"); exit(1);
  }
  while(strlen(gets(s))>0)   /* 从键盘中读取一个字符串，(strlen=0)结束 */
  {
    fputs(s,fp);                     /* 将字符串写入文件中 */
    fputs("\n",fp);                  /* 补一个换行符 */
  }
  fclose(fp);  /* 关闭文件 */
}
```

4. 格式化文件输入、输出函数

格式化文件输入、输出函数 fprintf、fscanf 与函数 printf、scanf 的作用基本相同，区别在于函数 fprintf、fscanf 读写的对象是磁盘文件，函数 printf、scanf 读写的对象是终端。

函数 fprintf、fscanf 的格式如下。

```
fprintf(fp,格式控制字符串,输出表列);
fscanf(fp,格式控制字符串,输入表列);
```

其中，fp 是文件指针。

示例如下。

```
fprintf(fp,"%d,%f",i,j);
```

以上表示将整型变量 i 和实型变量 j 的值按照%d 和%f 的格式输出到 fp 指向的文件中。

```
fscanf(fp,"%d,%f",i,j);
```

以上表示从 fp 指向的文件中读取一个整型数据赋值给变量 i，一个实型数据赋值给变量 j。

C 语言程序设计任务驱动式教程（第 4 版）（微课版）

（三）读写二进制文件

从文件（特别是二进制文件）中读写一块数据（如一个数组元素、一个结构体变量的数据——记录）时，使用数据块读写函数非常方便。

数据块读写函数的调用形式如下。

```
int fread(void *buffer,int size,int count,FILE *fp);
int fwrite(void *buffer,int size,int count,FILE *fp);
```

其中：

① buffer 是指针，对 fread 函数而言用于存放读取数据块的首地址，对 fwrite 函数而言用于输出数据块的首地址；

② size 是一个数据块的字节数（每块大小），count 是要读写的数据块块数；

③ fp 是文件指针；

④ fread、fwrite 函数返回读写的数据块块数（正常情况为 count）；

⑤ 以数据块方式读写，文件通常以二进制方式打开。

示例如下。

```
float f[2];
FILE *fp=fopen("…","r");
fread(f,4,2,fp);/* 或 fread(f,sizeof(float),2,fp); */
```

例 9-8 从键盘输入一批学生的数据，然后把它们转存到磁盘文件 stud.dat 中。

```
#include <stdio.h>
#include <stdlib.h>
#include <ctype.h>
struct student
{
  int num;
  char name[20];
  char sex;
  int age;
  float score;
};  /* 共 5 个成员 */
void main()
{
  struct student stud;
  char numstr[20],ch;
/* numstr 为临时字符串，保存学号、年龄、成绩，然后转换为相应类型；ch 为 Y 或 N */
  FILE *fp;
  if((fp=fopen("stud.dat","wb"))==NULL)  /* 以二进制、写方式打开文件 */
  {
    printf("can't open file stud.dat\n");
    exit(1);
  }
```

```
    do
    {
        printf("enter number: "); gets(numstr); stud.num=atoi(numstr);
        printf("enter name: "); gets(stud.name);
        printf("enter sex: "); stud.sex=getchar(); getchar();
        printf("enter age: "); gets(numstr); stud.age=atoi(numstr);
        printf("enter score: "); gets(numstr); stud.score=atof(numstr);
/* 每次将一个准备好的结构体变量的所有内容写入文件（写一个记录）中 */
fwrite(&stud,sizeof(struct student),1,fp);
        printf("have another student record(y/n)? ");
        ch=getchar();
getchar();
    }while(toupper(ch)=='Y');          /* 循环读数据/写记录 */
    fclose(fp);                        /* 关闭文件 */
}
```

● **任务实施**

1. 流程图

任务 2 的流程图如图 9-3 所示。

2. 程序代码

```
#include<stdio.h>
#include<stdlib.h>
#include<string.h>
#define BUFLEN 100
#define LEN 15
#define N 100
struct record          /*结构体*/
{
char code[LEN+1];      /*学号*/
char name[LEN+1];      /*姓名*/
int age;               /*年龄*/
char sex[3];           /*性别*/
char time[LEN+1];      /*出生年月*/
char add[30];          /*家庭地址*/
char tel[LEN+1];       /*电话号码*/
char mail[30];         /*E-mail*/
}stu[N];
int k=1,n,m;           /*定义全局变量*/
void readfile();       /*函数声明*/
void seek();
void modify();
```

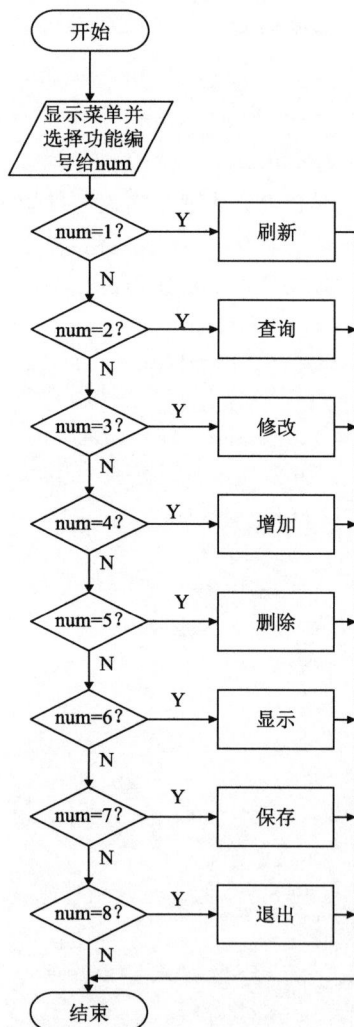

图9-3 任务2的流程图

```
void insert();
void del();
void display();
void save();
void menu();
int main()
{
while(k)
menu();
system("pause");
return 0;
}
void readfile()        /*建立信息*/
{
char *p="student.txt";
FILE *fp;
int i=0;
if ((fp=fopen("student.txt","r"))==NULL)
{
printf("Open file %s error! Strike any key to exit! ",p);
system("pause");
exit(0);
}
while(fscanf(fp, "%s %s%d%s %s %s %s %s",stu[i].code,stu[i].name,&stu[i]. age,
stu[i].sex,stu[i].time,stu[i].add,stu[i].tel,stu[i].mail)==8)
{
    i++;
    i=i;
}
fclose(fp);
n=i;
printf("录入完毕! \n");
}
void seek() /*查询*/
{
int i,item,flag;
char s1[21]; /*以姓名和学号最长长度加1为准*/
printf("------------------\n");
printf("-----1.按学号查询-----\n");
printf("-----2.按姓名查询-----\n");
printf("-----3.退出本菜单-----\n");
```

```
printf("------------------\n");
while(1)
{
printf("请选择子菜单编号：");
scanf("%d",&item);
flag=0;
switch(item)
{
 case 1: printf("请输入要查询的学生的学号：\n");
scanf("%s",s1);
for(i=0;i<n;i++)
if(strcmp(stu[i].code,s1)==0)
{
flag=1;
printf("学号  姓名  年龄  性别  出生年月   家庭地址   电话号码 E-mail\n");
printf("---------------------------------------------------------\n");
printf("%6s  %7s  %6d  %5s  %9s  %8s  %10s  %14s\n",stu[i].code,stu[i].name,
stu[i].age,stu[i].sex,stu[i].time,stu[i].add,stu[i].tel,stu[i].mail);
}
if(flag==0)
printf("该学号不存在！\n"); break;
case 2:
printf("请输入要查询的学生的姓名：\n");
scanf("%s",s1);
for(i=0;i<n;i++)
if(strcmp(stu[i].name,s1)==0)
{
flag=1;
printf("学号  姓名   年龄   性别   出生年月    家庭地址    电话号码  E-mail\n");
printf("---------------------------------------------------------\n");
printf("%6s  %7s  %6d  %5s  %9s  %8s  %10s  %14s\n",stu[i].code,stu[i].name,
stu[i].age,stu[i].sex,stu[i].time,stu[i].add,stu[i].tel,stu[i].mail);
}
if(flag==0)
printf("该姓名不存在！\n"); break;
case 3:return;
default:printf("请从1～3选择\n");
}
}
}
void modify() /*修改信息*/
```

```
{
int i,item,num;
char sex1[3],s1[LEN+1],s2[LEN+1];   /*以姓名和学号最长长度加1为准*/
printf("请输入要修改的学生的学号：\n");
scanf("%s",s1);
for(i=0;i<n;i++)
if(strcmp(stu[i].code,s1)==0)   /*比较字符串是否相等*/
num=i;
printf("------------------\n");
printf("1.修改姓名\n");
printf("2.修改年龄\n");
printf("3.修改性别\n");
printf("4.修改出生年月\n");
printf("5.修改家庭地址\n");
printf("6.修改电话号码\n");
printf("7.修改E-mail \n");
printf("8.退出本菜单\n");
printf("------------------\n");
while(1)
{
printf("请选择子菜单编号：");
scanf("%d",&item);
switch(item)
{
case 1:
 printf("请输入新的姓名：\n");
 scanf("%s",s2);
 strcpy(stu[num].name,s2); break;
case 2:
 printf("请输入新的年龄：\n");
 scanf("%d",&stu[num].age);break;
case 3:
 printf("请输入新的性别：\n");
 scanf("%s",sex1);
 strcpy(stu[num].sex,sex1); break;
case 4:
 printf("请输入新的出生年月：\n");
 scanf("%s",s2);
 strcpy(stu[num].time,s2); break;
case 5:
 printf("请输入新的家庭地址：\n");
```

```
scanf("%s",s2);
strcpy(stu[num].add,s2); break;
case 6:
printf("请输入新的电话号码：\n");
scanf("%s",s2);
strcpy(stu[num].tel,s2); break;
case 7:
printf("请输入新的 E-mail: \n");
scanf("%s",s2);
strcpy(stu[num].mail,s2); break;
case 8:return;
default:printf("请从1~8选择\n");
}
}
}
void sort()   /*按学号排序*/
{
int i,j, *p, *q,s;
char temp[10];
for(i=0;i<n-1;i++)
{
for(j=n-1;j>i;j--)
if(strcmp(stu[j-1].code,stu[j].code)>0)
{
strcpy(temp,stu[j-1].code);
strcpy(stu[j-1].code,stu[j].code);
strcpy(stu[j].code,temp);
strcpy(temp,stu[j-1].name);
strcpy(stu[j-1].name,stu[j].name);
strcpy(stu[j].name,temp);
strcpy(temp,stu[j-1].sex);
strcpy(stu[j-1].sex,stu[j].sex);
strcpy(stu[j].sex,temp);
strcpy(temp,stu[j-1].time);
strcpy(stu[j-1].time,stu[j].time);
strcpy(stu[j].time,temp);
strcpy(temp,stu[j-1].add);
strcpy(stu[j-1].add,stu[j].add);
strcpy(stu[j].add,temp);
strcpy(temp,stu[j-1].tel);
strcpy(stu[j-1].tel,stu[j].tel);
```

```
strcpy(stu[j].tel,temp);
strcpy(temp,stu[j-1].mail);
strcpy(stu[j-1].mail,stu[j].mail);
strcpy(stu[j].mail,temp);
p=&stu[j-1].age;
q=&stu[j].age;
s=*q;
*q=*p;
*p=s;
}
}
}
void insert()  /*插入函数*/
{
int i=n,j,flag;
printf("请输入待增加的学生数：\n");
scanf("%d",&m);
do
{
flag=1;
while(flag)
{
flag=0;
printf("请输入第%d个学生的学号：\n",i+1);
scanf("%s",stu[i].code);
for(j=0;j<i;j++)
if(strcmp(stu[i].code,stu[j].code)==0)
{
printf("已有该学号，请检查后重新录入!\n");
flag=1;
break;  /*如有重复立即退出该层循环，加快判断速度*/
}
}
printf("请输入第%d个学生的姓名：\n",i+1);
scanf("%s",stu[i].name);
printf("请输入第%d个学生的年龄：\n",i+1);
scanf("%d",&stu[i].age);
printf("请输入第%d个学生的性别：\n",i+1);
scanf("%s",stu[i].sex);
printf("请输入第%d个学生的出生年月：(格式：年.月)\n",i+1);
scanf("%s",stu[i].time);
```

```
printf("请输入第%d个学生的家庭地址：\n",i+1);
scanf("%s",stu[i].add);
printf("请输入第%d个学生的电话号码：\n",i+1);
scanf("%s",stu[i].tel);
printf("请输入第%d个学生的E-mail：\n",i+1);
scanf("%s",stu[i].mail);
if(flag==0)
{
i=i;
i++;
}
}
while(i<n+m);
n+=m;
printf("录入完毕！\n\n");
sort();
}
void del()
{
int i,j,flag=0;
char s1[LEN+1];
printf("请输入要删除学生的学号：\n");
scanf("%s",s1);
for(i=0;i<n;i++)
if(strcmp(stu[i].code,s1)==0)
{
flag=1;
for(j=i;j<n-1;j++)
stu[j]=stu[j+1];
}
if(flag==0)
printf("该学号不存在！\n");
if(flag==1)
{
printf("删除成功!显示结果请选择菜单6\n");
n--;
}
}
void display()
{
int i;
```

```c
printf("所有学生的信息为: \n");
printf("学号 姓名 年龄 性别 出生年月 家庭地址 号码电话 E-mail\n");
printf("-----------------------------------------------------------\n");
for(i=0;i<n;i++)
{
printf("%6s %7s %5d %5s %9s %8s %10s %14s\n",stu[i].code,stu[i].
name,stu[i].age,stu[i].sex,stu[i].time,stu[i].add,stu[i].tel,stu[i].mail);
}
}
void save()
{
int i;
FILE *fp;
fp=fopen("student.txt", "w"); /*写入*/
for(i=0;i<n;i++)
{
fprintf(fp, "%s %s %d %s %s %s %s %s\n",stu[i].code,stu[i].name,stu[i].age,
stu[i].sex,stu[i].time,stu[i].add,stu[i].tel,stu[i].mail);
}
fclose(fp);
}
void menu()  /* 界面*/
{
int num;
printf(" \n\n        计算机技术系信息管理班通信录管理系统        \n\n");
printf("*******************制作人张雪*************************  \n \n");
printf("*******************系统功能菜单*************************   \n");
printf(" --------------------- --------------------------- \n");
printf("         1.刷新学生信息     2.查询学生信息\n");
printf("         3.修改学生信息     4.增加学生信息\n");
printf("         5.按学号删除信息   6.显示当前信息\n");
printf("         7.保存当前学生信息 8.退出系统\n");
printf(" --------------------------------------------------- \n");
printf("请选择菜单编号: ");
scanf("%d",&num);
switch(num)
{
case 2:seek();break;
case 3:modify();break;
case 4:insert();break;
case 5:del();break;
```

```
case 6:display();break;
case 7:save();break;
case 8:k=0;break;
default:printf("请从 1~8 选择\n");
    }
}
```

程序运行界面如图 9-4 所示。

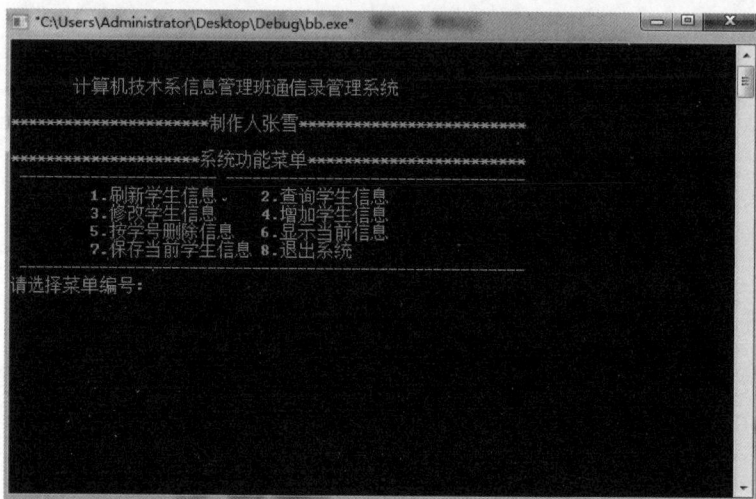

图9-4　任务2的运行界面

● **特别提示**

① 文件空读：在输入字符并按 Enter 键后，实际缓冲区中有两个字符（如'f/m'和'\n'）。如果仅仅需要前面有意义的字符（'f/m'），可以用"空读"略过'\n'。

② 什么情况要空读？如果后面的读取键盘是读取数字（整数/实数），就不必空读；如果后面的读取键盘是读取字符或字符串，就应当空读。

③ C 语言即使写文本文件，在关闭时，也不自动加文件结束符。

⤢ 拓展与提高

（一）结构体指针变量

结构体指针变量：指向结构体变量的指针变量。结构体指针变量的值是结构体变量（在内存中的）的起始地址。

1. 结构体指针变量的定义

格式如下。

```
struct 结构体名 * 结构体指针变量名 ;
```

例如，struct student *p;定义了一个结构体指针变量，它可以指向一个 struct student 结构体类型的数据。

2. 通过结构体指针变量访问结构体变量的成员（两种访问形式）

① (* 结构体指针变量名). 成员名。（注意 "." 运算符优先级比 "*" 运算符优先级高。）

② 结构体指针变量名 -> 成员名。（其中 "->" 是指向成员运算符，很简洁，更常用。）

例如，(*p).age 或 p->age 的作用是访问 p 指向的结构体的 age 成员。

例 9-9　用指针访问结构体变量及结构体数组。

```c
#include <stdio.h>
void main()
{
  struct student  /* 结构体类型定义 */
  {
    int num;
    char name[20];
    char sex;
    int age;
    float score;
  };
  /* 结构体数组 stu、结构体变量 student1 的定义和初始化 */
  struct student stu[3]={{11302, "Wang",'F',20,483},
    {11303, "Liu",'M',19,503},
    {11304, "Song",'M',19,471.5}};
  struct student student1={11301, "Zhang",'F',19,496.5},*p, *q;
  int i;
  /* p 指向结构体变量 */
  p=&student1;
  printf("%s,%c,%5.1f\n",student1.name,( *p).sex,p->score); /* 访问结构体变量 */
   q=stu;                    /* q 指向结构体数组的元素 */
   for(i=0; i<3; i++,q++)         /* 循环访问结构体数组的元素（下标变量） */
printf("%s,%c,%5.1f\n",q->name,q->sex,q->score);
}
```

（二）结构体变量、结构体指针变量作为函数参数

结构体变量、结构体指针变量都可以像其他类型的数据一样作为函数的参数，也可以将函数定义为结构体类型或结构体指针类型（返回值为结构体或结构体指针）。

例 9-10　给年龄在 19 岁及以下学生的成绩增加 10 分。

```c
struct student
{
  int num;
  char name[20];
  char sex;
  int age;
```

```
    float score;
};
struct student stu[3]={{11302, "Wang",'F',20,483},
  {11303, "Liu",'M',19,503},
  {11304, "Song",'M',19,471.5}};
print(struct student s)  /* 输出学生姓名、年龄、成绩。形参：结构体类型 */
{
  printf("%s,%d,%5.1f\n",s.name,s.age,s.score);
}
add10(struct student *ps)  /* 年龄小于等于19的，成绩加10分。形参：结构体指针类型 */
{
  if(ps->age<=19)ps->score=ps->score+10;
}
#include <stdio.h>
void main()
{
  struct student *p;
  int i;
  for(i=0; i<3; i++)print(stu[i]);          /* 循环输出学生的记录 */
  for(i=0,p=stu; i<3; i++,p++)add10(p);   /* 循环判断，加分 */
  for(i=0,p=stu; i<3; i++,p++)print(*p);  /* 循环输出学生的记录 */
}
```

说明
① 函数 print 的形参 s 属于结构体类型，所以实参也用结构体类型 stu[i]或*p。
② 函数 add10 的形参 ps 属于结构体指针类型，所以实参用结构体指针类型&stu[i]或 p。

例 9-11 将例 9-10 中的函数 add10 改写为返回结构体类型值的函数。

```
…
struct student add10(struct student s)
{
  if(s.age<=19)s.score=s.score+10;
  return s;
}
…
#include <stdio.h>
void main()
{
  struct student *p;
  int i;
  for(i=0; i<3; i++)print(stu[i]);
  for(i=0; i<3; i++)stu[i]=add10(stu[i]);
```

```
    for(i=0; i<3; i++)print(stu[i]);
    for(i=0,p=stu; i<3; i++,p++)print(*p);
    for(i=0,p=stu; i<3; i++,p++)*p=add10(*p);
    for(i=0,p=stu; i<3; i++,p++)print(*p);
}
```

> **说明**
> ① 函数 add10 改写为返回结构体类型值的函数，那么形参的传址就不必要了。
> ② 主函数调用函数 add10 时，将返回值赋给结构体数组元素。

（三）链表（结构体指针的应用）

1. 动态存储结构

数组的长度是预先定义好的，在整个程序中是固定不变的。C 语言中不允许使用动态数组，示例如下。

```
int n;
scanf("%d",&n);
int a[n];
```

以上这种做法是错误的。

在实际编程中，往往会遇到这种问题，即所需的内存空间取决于实际输入的数据，而无法事先确定。对于这种问题，用数组的方法很难解决。C 语言提供了一些内存管理函数，这些内存管理函数可以按照需要动态地分配内存空间，也可把不再使用的内存空间回收待用，实现了内存资源的有效利用。常用的内存管理函数有以下 3 个。

（1）分配内存空间函数 malloc

调用形式：(类型说明符*)malloc(size);。

功能：在内存的动态存储区中分配一块长度为 size 字节的连续区域。函数的返回值为该区域的首地址。

类型说明符表示把该区域用于何种数据类型。"(类型说明符*)"表示把返回值强制转换为该类型指针。size 是一个无符号数。

调用 malloc 函数的示例如下。

```
pc=(char*)malloc(100);
```

以上内容表示分配 100 个字节的内存空间，并强制转换为字符数组类型，函数的返回值为指向该字符数组的指针，把该指针赋予指针变量 pc。

（2）分配内存空间函数 calloc

calloc 函数也用于分配内存空间。

调用形式：(类型说明符*)calloc(n,size);。

功能：在内存的动态存储区中分配 n 块长度为 size 字节的连续区域。函数的返回值为该区域的首地址。"(类型说明符 *)"用于强制类型转换。calloc 函数与 malloc 函数的区别仅在于其一次可以分配 n 块连续区域。

调用 calloc 函数的示例如下。

```
ps=(struct stu*)calloc(2,sizeof(struct stu));
```

其中的 sizeof(struct stu)是求 stu 的长度。因此该语句的意思是，按 stu 的长度分配 2 块连续区域，强制转换为 stu 类型，并把其首地址赋予指针变量 ps。

（3）释放内存空间函数 free

调用形式：free(void*ptr);。

功能：释放 ptr 所指向的一块连续区域，ptr 是一个任意类型的指针变量，它指向被释放区域的首地址。被释放区域应是由 malloc 或 calloc 函数所分配的连续区域。

例 9-12　分配一块区域，输入一个学生的数据。

```
#include <stdio.h>
void main()
{
struct stu
{
int num;
char *name;
char sex;
float score;
} *ps;
ps=(struct stu*)malloc(sizeof(struct stu));
ps->num=102;
ps->name="Zhang ping";
ps->sex='M';
ps->score=62.5;
printf("Number=%d\nName=%s\n",ps->num,ps->name);
printf("Sex=%c\nScore=%f\n",ps->sex,ps->score);
free(ps);
}
```

本例首先定义了结构体 stu，定义了 stu 结构体类型的指针变量 ps。然后分配了一块 stu 长的连续区域，并把首地址赋予 ps，使 ps 指向该区域。再以 ps 为指向结构体的指针变量给各成员赋值，并用 printf 函数输出各成员值。最后用 free 函数释放 ps 指向的内存空间。整个程序包含了申请内存空间、使用内存空间、释放内存空间 3 个步骤，实现了存储空间的动态分配。

2. 链表的概念

C 语言中更有用且更复杂的特性就是指针的运用。使用指针可以创建复杂的数据结构，例如链表。链表是一种常见且重要的数据结构，它是动态地进行存储空间分配的一种数据结构，是利用指针将各节点连接在一起的线性组合。

例 9-12 采用了动态分配的办法为一个结构体分配内存空间。每一次分配的一块内存空间可用来存放一个学生的数据，我们可称之为一个节点。有多少个学生就应该申请分配多少块内存空间，也就是说要建立多少个节点。当然用结构体数组也可以完成上述工作，但如果预先不能准确把握学生人数，也就无法确定数组大小，而且当学生留级、退学之后，也不能把该学生对应元素占用的内存空间从数组中释放出来。用动态分配的方法可以很好地解决这些问题，有一个学生就分配一个节点，无须预先确定学生的准确人数；某学生退学，可删去该节点，并释放该节点占用的存储空间，从而节约宝贵的内存资源。另一方面，用数组的方法必须占用一块连续的内存空间，而动态分配时，每个节点之间的内存空间可以是不连续的（节点内是连续的）。节点之间的联系可以用指针实现，即在节点结构中定义一个成员项用来存放下一节点的首地址，这个用于存放首地址的成员项，一般称为指针域。可在第 1 个节点的指针域内存放第 2 个节点的首地址，在第 2 个节点的指针域内又存放第 3 个节点的首地址，如此串连下去直到最后一个节点。最后一个节点因无后续节点连接，其指针域可赋为 0。这样一种连接方式，在数据结构中称为"链表"。图 9-5 所示为单链表结构。

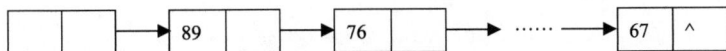

图9-5　单链表结构

在图 9-5 中，没有存放任何节点信息的节点称为头节点。它存放第 1 个节点的首地址，没有数据，只是一个指针变量。以下的每个节点都分为两个域，一个域是数据域，存放各种实际的数据，如学号、姓名、性别和成绩等；另一个域是指针域，存放下一个节点的首地址。链表中的每一个节点都是同一种结构类型。例如，一个存放学生学号和成绩的节点应为以下结构。

```
struct stu
{ int num;
int score;
struct stu *next;
}
```

前两个成员项构成数据域，最后一个成员项 next 即指针域，它是一个指向 stu 结构体类型的指针变量。

3. 链表操作

对链表的主要操作有以下几种。

① 建立链表。

② 数据的查找与输出。

③ 插入一个节点。

④ 删除一个节点。

下面通过例题来说明这些操作。

例 9-13　建立一个有 3 个节点的链表，存放学生数据（为简单起见，我们假定学生数据结构中只有学号和年龄两项）。

可编写一个建立链表的函数 creat。程序代码如下。

```
#define NULL 0
#define TYPE struct stu
#define LEN sizeof (struct stu)
struct stu
{
```

```
int num;
int age;
struct stu *next;
};
TYPE *creat(int n)
{
struct stu *head, *pf, *pb;
int i;
for(i=0;i<n;i++)
{
pb=(TYPE*)malloc(LEN);
printf("input Number and Age\n");
scanf("%d%d",&pb->num,&pb->age);
if(i==0)
pf=head=pb;
else pf->next=pb;
pb->next=NULL;
pf=pb;
}
return(head);
}
```

在函数外首先用宏定义对 3 个符号常量做了定义。这里用 TYPE 表示 struct stu，用 LEN 表示 sizeof(struct stu)，主要目的是在程序中减少书写量并使阅读更加方便。stu 结构体定义为外部类型，程序中的各个函数均可使用该定义。

creat 函数用于建立一个有 n 个节点的链表，它是一个指针函数，它返回的指针指向 stu 结构体。在 creat 函数内定义了 3 个 stu 结构体类型的指针变量。head 为头指针，pf 为指向两相邻节点的前一节点的指针变量，pb 为指向后一节点的指针变量。在 for 语句内，用 malloc 函数分配长度与 stu 长度相等的空间作为节点，将首地址赋予 pb。然后输入节点数据。如果当前节点为第 1 个节点（i==0），则把 pb 值（该节点指针）赋予 head 和 pf；如非第 1 个节点，则把 pb 值赋予 pf 指节点的指针域成员 next。而 pb 指节点为当前节点的末节点，其指针域赋为 NULL。再把 pb 值赋予 pf 以做下一次循环准备。creat 函数的形参 n 表示所建链表的节点数，作为 for 语句的循环次数。

例 9-14 编写一个函数，实现在链表中按学号查找节点。

```
TYPE *search (TYPE *head,int n)
{
TYPE *p;
int i;
p=head;
while(p->num!=n&&p->next!=NULL)
p=p->next; /* 不是要找的节点则后移一个节点*/
if(p->num==n) return(p);
```

```
if(p->num!=n&&p->next==NULL)
printf ("Node %d has not been found!\n",n);
}
```

本函数中使用的符号常量 TYPE 与例 9-13 的宏定义相同，等同于 struct stu。函数有两个形参，head 是指向链表的指针变量，n 为要查找的学号。进入 while 循环，逐个检查节点的 num 成员项是否等于 n，如果不等于 n 且指针域不等于 NULL（不是末节点）则后移一个节点，继续循环。如找到该节点，则返回节点指针。如循环结束仍未找到该节点，则输出未找到的提示信息。

例 9-15 编写一个函数，删除链表中的指定节点。

删除一个节点有以下两种情况。

① 被删节点是第 1 个节点。这种情况只需使 head 指向第 2 个节点即可，即 head= pb-> next。

② 被删节点不是第 1 个节点。这种情况使被删节点的前一节点指向被删节点的后一节点即可，即 pf->next=pb->next。

函数编程如下。

```
TYPE *delete(TYPE *head,int num)
{
TYPE *pf, *pb;
if(head==NULL)  /*如为空表，输出提示信息*/
{ printf("\nempty list!\n");
goto end;}
pb=head;
while(pb->num!=num&&pb->next!=NULL)
/*当不是要删除的节点，而且也不是末节点时，继续循环*/
{pf=pb;pb=pb->next;}   /*pf 指向当前节点，pb 指向下一节点*/
if(pb->num==num)
{if(pb==head)head=pb->next;
/*如找到被删节点，且为第 1 个节点，则使 head 指向第 2 个节点，否则使 pf 所指节点
的指针指向被删节点的下一节点*/
else pf->next=pb->next;
free(pb);
printf("The node is deleted\n");}
else
printf("The node not been found!\n");
end:
return head;
}
```

函数有两个形参，head 为指向链表中第 1 个节点的指针变量，num 为被删节点中的学号。首先判断链表是否为空，为空则不可能有被删节点。若不为空，则使 pb 指向链表的第 1 个节点。进入 while 循环后逐个查找被删节点。找到被删节点之后再看其是否为第 1 个节点，若是则使 head 指向第 2 个节点（把第 1 个节点从链表中删去），否则使被删节点的前一节点（pf 指向的节点）指向被删节点的下一节点（被删节点的指针域指向的节点）。如若循环结束未找到要删的节点，则输

出未找到的提示信息。最后返回 head 值。

例 9-16 编写一个函数，在链表中指定位置插入一个节点。

在一个链表的指定位置插入节点，要求链表本身必须是已按某种规律排好序的。例如，在学生数据链表中，要求按照学号顺序插入一个节点，设被插节点的指针为 pi，有以下 4 种不同情况。

① 原链表是空表，只需使 head 指向被插节点即可。

② 如果被插节点的值最小，应将其插入第 1 个节点之前。这种情况下使 head 指向被插节点，被插节点的指针域指向原来的第 1 个节点即可。即 pi->next=pb;head=pi;。

③ 在其他位置插入。这种情况下，使插入位置的前一节点的指针域指向被插节点，使被插节点的指针域指向插入位置的后一节点。即 pi->next=pb;pf->next=pi;。

④ 在表末插入。这种情况下使原表末节点指针域指向被插节点，被插节点指针域置为 NULL，即

```
pb->next=pi;
pi->next=NULL;
```

函数编程如下。

```
TYPE *insert(TYPE *head,TYPE *pi)
{
TYPE *pf, *pb;
pb=head;
if(head==NULL)            /*空表插入*/
{head=pi;
pi->next=NULL;}
else
{
while((pi->num>pb->num)&&(pb->next!=NULL))
{pf=pb;
pb=pb->next; }          /*找插入位置*/
if(pi->num<=pb->num)
{if(head==pb)head=pi;       /*在第 1 个节点之前插入*/
else pf->next=pi;      /*在其他位置插入*/
pi->next=pb;}
else
{pb->next=pi;
pi->next=NULL;}           /*在表末插入*/
}
return head;
}
```

本函数的两个形参均为指针变量，head 指向链表，pi 指向被插节点。函数首先判断链表是否为空，为空则使 head 指向被插节点；不为空则用 while 循环查找插入位置。找到之后再判断是否在第 1 个节点之前插入，若是则使 head 指向被插节点，被插节点指针域指向原第 1 个节点；否则在其他位置插入，若被插节点的值大于表中所有节点的值，则在表末插入。本函数返回一个指针，

即链表的头指针。当插入的位置在第 1 个节点之前时，插入的新节点成为链表的第 1 个节点，因此 head 的值也有了改变，故需要把这个指针返回主调函数。

例 9-17　将以上建立链表、删除节点、插入节点的函数组织在一起，再建立一个输出全部节点的函数，然后用 main 函数调用它们。

```
#define NULL 0
#define TYPE struct stu
#define LEN sizeof(struct stu)
struct stu
{
int num;
int age;
struct stu *next;
};
TYPE *creat(int n)
{
struct stu *head, *pf, *pb;
int i;
for(i=0;i<n;i++)
{
pb=(TYPE *)malloc(LEN);
printf("input Number and Age\n");
scanf("%d%d",&pb->num,&pb->age);
if(i==0)
pf=head=pb;
else pf->next=pb;
pb->next=NULL;
pf=pb;
}
return(head);
}
TYPE *delete(TYPE *head,int num)
{
TYPE *pf, *pb;
if(head==NULL)
{ printf("\nempty list!\n");
goto end;}
pb=head;
while (pb->num!=num&&pb->next!=NULL)
{pf=pb;pb=pb->next;}
if(pb->num==num)
{if(pb==head) head=pb->next;
```

```c
    else pf->next=pb->next;
    printf("The node is deleted\n"); }
    else
    free(pb);
    printf("The node not been found!\n");
    end:
    return head;
    }
    TYPE *insert(TYPE *head,TYPE *pi)
    {
    TYPE *pb , *pf;
    pb=head;
    if(head==NULL)
    {head=pi;
    pi->next=NULL; }
    else
    {
    while((pi->num>pb->num)&&(pb->next!=NULL))
    {pf=pb;
    pb=pb->next; }
    if(pi->num<=pb->num)
    {if(head==pb) head=pi;
    else pf->next=pi;
    pi->next=pb; }
    else
    {pb->next=pi;
    pi->next=NULL; }
    }
    return head;
    }
    void print(TYPE *head)
    {
    printf("Number\t\tAge\n");
    while(head!=NULL)
    {
    printf("%d\t\t%d\n",head->num,head->age);
    head=head->next;
    }
    }
#include <stdio.h>
void main()
```

```
{
    TYPE *head, *pnum;
    int n,num;
    printf("input number of node: ");
    scanf("%d",&n);/*输入所建链表的节点数*/
    head=creat(n);/*调用 creat 函数建立链表并把头指针返回给 head*/
    print(head);/*调用 print 函数输出链表*/
    printf("Input the deleted number: ");
    scanf("%d",&num);
    head=delete(head,num);/*调用 delete 函数删除一个节点*/
    print(head);/*调用 print 函数输出链表*/
    printf("Input the inserted number and age: ");
    pnum=(TYPE *)malloc(LEN);/*调用 malloc 函数给一个节点分配内存空间，并把
其地址赋予 pnum*/
    scanf("%d%d",&pnum->num,&pnum->age);/*输入待插入节点的数据域值*/
    head=insert(head,pnum);/*调用 insert 函数插入 pnum 指向的节点*/
    print(head);/*再次调用 print 函数输出链表*/
}
```

在本例中，print 函数用于输出链表中各个节点的数据域值。函数的形参 head 的初值指向链表的第 1 个节点。在 while 循环中，输出节点的数据域值后，head 值被改变，指向下一节点。若保留 head，则应另设一个指针变量，把 head 值赋予它，再用它来替代 head。在 main 函数中，n 为建立节点的数目，num 为待删节点的数据域值；head 为指向链表的头指针，pnum 为指向待插节点的指针。

（四）共用体（联合体）

共用体是将不同类型的数据项存放于同一块内存单元的一种构造数据类型。

与结构体类似，在共用体内可以定义多种不同数据类型的成员；区别是，共用体变量中的所有成员共用一块内存单元，如图 9-6 所示。（虽然每个成员都可以被赋值，但只有最后一次赋予的成员值能够保存且有意义，前面赋予的成员值会被后面赋予的成员值覆盖。）

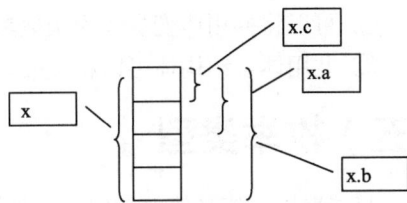

图9-6 共用体变量占用内存单元示例

1. 共用体类型、共用体变量的定义

（1）共用体类型定义的一般形式

```
union   共用体名
{
    类型 1 成员 1;
    类型 2 成员 2;
    ...
```

```
    类型 n  成员 n;
};
```

（2）共用体变量的定义（方法同结构体变量的定义）

示例如下。

```
/*定义共用体类型data*/
union data
{
   int a;
   float b;
   char c;
};
/*定义共用体变量*/
union data x,y;
```

2. 共用体变量的引用

对共用体变量的赋值、引用都是针对变量的成员进行的，共用体变量的成员表示如下。

共用体变量名 . 成员名

使用共用体类型数据时应注意以下几点。

① 同一块内存单元可以用来存放不同数据类型的成员，但是每一刻只能存放其中的一种（即只有一种有意义）。

② 共用体变量中有意义的成员是最后一次存放的成员。

例如，x.a=1;x.b=3.6;x.c='H' ;语句输入后，只有 x.c 有意义（x.a、x.b 也可以访问，但没有实际意义）。

③ 共用体变量的地址和它的成员的地址都是同一地址，即&x.a=&x.b=&x.c=&x。

④ 除整体赋值外，不能对共用体变量进行赋值，也不能企图引用共用体变量来得到成员的值。不能在定义共用体变量时对共用体变量进行初始化（系统不清楚是为哪个成员赋初值）。

⑤ 可以将共用体变量作为函数参数，函数也可以返回共用体、共用体指针。

⑥ 共用体、结构体可以相互嵌套。

（五）枚举类型

只能取事先定义值的数据类型是枚举类型。

1. 枚举类型的定义

enum 枚举类型名 { 枚举元素（或枚举常量）列表 };

2. 枚举变量的定义（类似结构体变量定义的 3 种形式）

定义枚举类型的同时定义枚举变量。

enum 枚举类型名 { 枚举元素列表 } 枚举变量列表 ;

先定义枚举类型，后定义枚举变量。

enum 枚举类型名 枚举变量列表 ;

C语言程序设计任务驱动式教程（第4版）（微课版）

匿名枚举类型变量定义。

```
enum { 枚举元素列表 } 枚举变量列表 ;
```

定义枚举变量的示例如下。

```
enum weekday{sun,mon,tue,wed,thu,fri,sat};
/* 定义枚举类型 enum weekday, 取值为 sun、mon、……、sat*/
enum weekday week1,week2;
/* 定义 enum weekday 枚举类型的枚举变量 week1 和 week2, 取值为 sun、mon、……、sat*/
week1=wed; week2=fri;
/* 可以用枚举常量给枚举变量赋值 */
```

3. 关于枚举的说明

① enum 是标识枚举类型的关键字, 定义枚举类型的语句应当以 enum 开头。

② 枚举元素 (或枚举常量) 由程序设计者自己指定, 命名规则同标识符。这些名字是符号, 可以提高程序的可读性。

③ 枚举元素在编译时, 按定义时的排列顺序取值 0、1、2、… (类似整型常数)。

④ 枚举元素是常量, 不是变量 (看似是变量, 实为常量), 可以将枚举元素赋值给枚举变量。但是不能给枚举元素赋值。在定义枚举类型时可以给这些枚举元素指定整型常数值 (未指定值的枚举元素的值是前一个枚举元素的值加 1), 示例如下。

```
enum weekday{sun=7,mon=1,tue,wed,thu,fri,sat};
```

⑤ 枚举元素不是字符串。

⑥ 枚举变量、常量一般可以参与整数的运算, 如算术、关系、赋值等运算。

例如, 不要希望 week1=sun; printf("%s",week1);能输出 "sun,…", 可以用下面的语句检查输出：if(week1==sun) printf("sun");。

（六）用 typedef 给数据类型取别名

用 typedef 给数据类型取别名的格式如下。

```
typedef 数据类型 别名 ;
```

> **说明**
>
> typedef 没有建立新的数据类型, 它是给已有数据类型取别名。以提高程序可读性, 简化书写。

1. 使用 typedef 关键字可以定义一种新的类型名代替已有的类型名

例如：

```
typedef int INTEGER; typedef float REAL;
INTEGER i,j; REAL a,b;
```

2. 类型定义的典型应用

定义一种数据类型的新名字, 做简单的名字替换, 示例如下。

```
typedef unsigned int UINT;    /* 定义 UINT 类型是无符号整型 */
UINT u1;                      /* 定义 UINT 类型 ( 无符号整型 ) 变量 u1 */
```

3. 简化数据类型的书写

```
typedef struct
{
  int month; int day; int year;
}DATE;    /* 定义 DATE 是一种结构体类型 */
DATE birthday, *p,d[7];
/* 定义 DATA 类型（结构体类型）的变量、指针、数组分别为 birthday、p、d */
```

注意   用 typedef 定义的结构体类型使用时不需要 struct 关键字，很简洁。

4. 定义数组类型

```
typedef int NUM[100];      /* 定义 NUM 是 100 个数的整型数组（存放 100 个整数）*/
NUM n;                     /* 定义 NUM 类型（100 个数的整型数组类型）的变量 n*/
```

5. 定义指针类型

```
typedef char*  STRING;     /* 定义 STRING 是字符指针类型 */
STRING p;                  /* 定义 STRING 类型（字符指针类型）的变量 p */
```

（七）文件的定位

对文件的读写可以是顺序读写，也可以是随机读写。文件顺序读写从文件的开头开始，依次读写数据（从文件开头读写直到文件尾部）。文件随机读写（文件定位读写）从文件的指定位置读写数据。在文件的读写过程中，文件位置指针指出了文件的当前读写位置（实际上是下一步读写位置），每次读写后，文件位置指针自动更新指向新的读写位置（实际上是下一步读写位置）。可以通过文件位置指针函数实现文件的定位读写。文件位置指针函数有 rewind、fseek、ftell。

1. 重返文件开头——rewind 函数

功能：使文件位置指针重返文件的开头。

例 9-18 有一个文本文件，第一次使它显示在屏幕上，第二次把它复制到另外一个文件中。

```
#include <stdio.h>
void main()
{
  FILE *fp1, *fp2;
  fp1=fopen("string.txt","r");  /* 打开文件 */
  fp2=fopen("string2.txt","w");
  /* 从文件 string.txt 读出，写向屏幕 */
  while(!feof(fp1))putchar(getc(fp1));
  /* 重返文件开头 */
  rewind(fp1);
  /* 从文件 string.txt 中读出，写入文件 string2.txt 中 */
```

```
  while(!feof(fp1))putc(getc(fp1),fp2);
  fcloseall();  /* 关闭文件 */
}
```

2. 文件位置指针移动——fseek 函数

功能：移动文件位置指针，以便文件的随机读写。

格式：fseek(FILE *fp,long offset,int whence)。

参数：

① fp——文件指针。

② whence——计算起始点（计算基准）。计算基准可以是表 9-3 所示的符号常量。

表9-3 符号常量

符号常量	符号常量的值	含义
SEEK_SET	0	从文件开头计算
SEEK_CUR	1	从文件指针当前位置计算
SEEK_END	2	从文件末尾计算

③ offset——偏移量（单位：字节）。从计算起始点开始再偏移 offset，得到新的文件指针位置。offset 为正，向后偏移；offset 为负，向前偏移。

使用 feseek 函数的示例如下。

```
fseek(fp,100,0);/* 将文件位置指针移动到：从文件开头计算，偏移量为 100 个字节的位置 */
fseek(fp,50,1); /* 将文件位置指针移动到：从当前位置计算，偏移量为 50 个字节的位置 */
/* 向后移动 */
fseek(fp,-30,1);/* 将文件位置指针移动到：从当前位置计算，偏移量为–30 个字节的位置 */
/* 向前移动 */
fseek(fp,-10,2);/* 将文件位置指针移动到：从文件末尾计算，偏移量为–10 个字节的位置 */
/* 向前移动 */
```

例 9-19 编程读出文件 stud.dat 中第 3 个学生的数据。

```
#include <stdio.h>
struct student
{
  int num;
  char name[20];
  char sex;
  int age;
  float score;
};
void main()
{
  struct student stud;
  FILE *fp;
  int i=2;
```

```
if((fp=fopen("stud.dat","rb"))==NULL)
{
  printf("can't open file stud.dat\n");
  exit(1);
}
fseek(fp,i*sizeof(struct student),SEEK_SET);        /* 定位第 3 个记录 */
if(fread(&stud,sizeof(struct student),1,fp)==1)     /* 将记录读出 */
{
  printf("%d,%s,%c,%d,%f\n",stud.num,stud.name,stud.sex,stud.age,
stud. score); /* 输出此记录 */
}
else
  printf("Record 3 does not presented.\n");
fclose(fp);
}
```

例 9-20 编写一个程序，对文件 stud.dat 加密。加密方式是对文件中所有奇数项字符的中间两个二进制位取反。

```
#include <stdio.h>
void main()
{
  FILE *fp;
  unsigned char ch1,ch2;
  if((fp=fopen("stud.dat","rb+"))==NULL)/* 打开已经存在的文件，以可写、二进制方式 */
  {
    printf("Can't open file stud.dat\n");  exit(1);
  }
  ch2=24;                        /* 密钥 ch2<=00011000 */
  ch1=fgetc(fp);                 /* 从文件读第一个字符并赋给 ch1 */
  while(!feof(fp))
  {
    ch1=ch1^ch2;                 /* 加密字符：与 1 异或该位取反，与 0 异或该位不变 */
    fseek(fp,-1,SEEK_CUR);       /* 写入原来位置 */
    fputc(ch1,fp);
    fseek(fp,1,SEEK_CUR);        /* 跳过一个字符（偶数字符）*/
    ch1=fgetc(fp);               /* 从文件读下一个字符并赋给 ch1 */
  }
  fclose(fp);                    /* 关闭文件 */
}
```

3. 获取当前文件位置指针——ftell 函数

功能：得到当前文件位置指针的位置，此位置是相对于文件开头的。

格式：long ftell(FILE *fp)。

返回值：返回当前文件位置指针相对文件开头的位置。

单元小结

本单元内容丰富，首先结构体、共用体是两种新型的数据类型，它们和前文使用的基本数据类型有着明显的区别：一是结构体和共用体不是系统固有的，它需要用户自己定义；二是一个结构体或共用体由多个不同成员组成，这些成员可以具有不同的数据类型。链表是一种动态的数据存储结构，它是结构体类型的一个典型的应用，链表节点由数据域和指针域组成，链表的基本操作包括插入节点、删除节点、查找节点等。其次是枚举变量的定义与应用。最后，位运算是C语言程序设计的一大特点，在自动控制系统中应用非常广泛。

另外，文件是计算机中的一个重要概念，文件的分类方式很多，而C语言关注的是文件中数据的存储方式，它把文件分为两类：文本文件和二进制文件。在C语言中使用文件的第一步是打开文件，最后一步是关闭文件。任何打开的文件都对应一个文件指针。文件的读写方式很多，任何一个文件被打开时都要指明它的读写方式。文件操作都是通过函数实现的，读者要掌握文件的打开、文件的关闭、文件的定位与文件内容的读写。

思考与训练

1. 讨论题

（1）简述结构体、共用体、枚举类型、动态链表的概念与特点。

（2）如何在动态链表中插入、删除节点？

（3）对于一个综合性大型程序的设计，按照软件工程理论如何进行分工合作？

2. 选择题

（1）若有以下说明，则各选项对字符串 ma hua 的引用方式不可以的是（　　　）。

```
struct student
{
    char name[20];
    int age;
    char sex;
}b={"ma hua",20, 'm'},*p=&b;
```

  A.（*p）.name B. p.name   C. p->name   D. a.name

（2）对于下列说明，不能使变量 p->b 的值增 1 的表达式是（　　　）。

```
struct str
{
    int a;
    int *b;
}*p;
```

  A. *p->b++   B. *++p->b   C. (*(p++)->b)++   D. *++(p++)->b

（3）以下程序企图把从终端输入的字符输出到名为 abc.txt 的文件中，直到从终端输入字符#时结束输入和输出操作，但是程序有错误，出错的原因是（　　　）。

```
#include<stdio.h>
main( )
{
    FILE*fout;
    char ch;
    fout=fopen('abc.txt', 'w');
    ch=fgetc(stdin);
    while(ch!= '#')
    {
        fputc(ch,fout);
        ch=fgetc(stdin);
    }
    fclose(fout);
}
```

A. 函数 fopen 调用形式错误　　　　　　B. 输入文件没有关闭

C. 函数 fgetc 调用形式错误　　　　　　D. 文件指针 stdin 没有定义

（4）若 fp 已经正确定义并指向某个文件，当未遇到文件结束标志时函数 feof(fp)的值是（　　）。

A. 0　　　　　　B. 1　　　　　　C. −1　　　　　　D. 一个非 0 的值

（5）有如下程序，若文本文件 f1.txt 中原有内容为 good，则运行程序后文件 f1.txt 中的内容为（　　）。

```
#include <stdio.h>
main()
{
    FILE *fp1;
    fp1=fopen('f1.txt','w');
    fprintf(fp1, "abc");
    fclose(fp1);
}
```

A. goodabc　　　B. abcd　　　　C. abc　　　　D. abcgood

（6）在 fopen 函数中使用的文件打开方式是 "w+"，该方式的含义是（　　）。

A. 打开一个二进制文件读写　　　　　B. 打开一个文本文件读写

C. 建立一个新的文本文件读写　　　　D. 建立一个新的二进制文件读写

（7）在 C 语言中，用于关闭文件的函数是（　　）。

A. fopen　　　　B. fseek　　　　C. ftell　　　　D. fclose

3. 填空题

（1）以下程序用来统计文件中的字符个数。请填空完善程序。

```
#include <stdio.h>
main()
```

```
{
  FILE *fp;
  Long num=0;
  if(fp=fopen("fname.dat", "r")==NULL)
   {
printf("Open error\n");
exit(0);
   }
while(_____)
{
  fgetc(fp);num++
}
printf("num=%ld\n",num-1);
fclose(fp);
}
```

（2）若 fp 已经正确定义为一个文件指针，d1.dat 为二进制文件，请填空，以便为"读"而打开此文件：fp=fopen(_____);。

（3）已知文本文件 test.txt，其中的内容为"Hello,everyone!"。以下程序中，文件 test.txt 已经为"读"而打开，由文件指针 fr 指向该文件，则程序的输出是_____。

```
#include <stdio.h>
main()
{
FILE *fr;
char str[40];
…
fgets(str,5,fr);
fprintf("%s\n",str);
fclose(fr);
}
```

第10单元

项目实训——ATM系统功能实现

我们已经学习了 C 语言的语法规范和编写一般程序的方法，对于数据类型和输入输出、3 种结构化编程等知识都有了一定的应用能力，但是要编写出优秀的程序，还需要学会综合应用。本单元将带领读者用 C 语言完成一个较大型的综合性项目实训——ATM 系统功能实现。通过本单元的学习，大家应对实用的 C 程序有更深的了解，并且能通过模仿写出一个较为复杂的 C 程序，从而提高程序设计的技能。

程序开发是一种灵活性很高的工作，良好的编程习惯可以提高工作效率，减少不必要的失误。编程时，我们要注意以下几点。

1. 代码应尽可能模块化

无论是面向过程还是面向对象，代码重用都是基本原则之一。编写代码时可以将具有相近功能的语句或完成一个具体任务的语句组织在一起，进行模块化编程。这样在以后开发大型程序的时候，工作的效率就会明显提高，程序兼容性也更强。

2. 形成良好的编程习惯

一个程序，不可能是绝对完美、永远不再修改的。既然要修改，就必然要读懂原来的程序代码。而良好的编程习惯可以使自己和他人更方便和迅速地理解程序的结构，从而最大限度地提高修改的效率。

① 统一、有意义的命名规范。变量名 sum 明显比 a 更让人容易理解其真正的逻辑含义和数据类型。让名字有意义一些，将来理解起来也比较方便。

② 程序采用缩进格式编写。这个编写习惯使程序代码之间的层次关系更加明显，对于我们理解程序的逻辑有很大帮助。

③ 代码位置有条理性。把相关功能的代码集中起来，放在一起，这样在以后阅读代码的时候，可以尽量避免在不同文件之间频繁切换。由于要考虑到以后的理解，因此函数内部的逻辑不需要写得很复杂，嵌套 3 层为宜，代码长度以大约屏幕宽度为宜，太长的代码不利于理解和调试。当然良好的编程习惯不止这些，还需要在以后的学习过程中慢慢体会。

3. 注重程序测试，注意异常处理

程序的运行在正常情况下会得到正确的结果，而我们还必须要求程序在异常情况下也可以正常运行，至少可以正常终止。这个处理过程称为程序的纠错。多用不同情况去测试程序，可以发现更多隐藏的 Bug（漏洞、错误），从而提高程序的运行效率。

（一）项目实训的目的

① 掌握并熟练运用 C 语言的基本数据类型与各种表达式，以及程序的流程控制语句。

② 掌握函数的定义、函数的返回值、函数的调用、函数形参和实参之间的关系；掌握变量的作用域与生存期；了解函数的作用域。

（二）项目实训的内容要求

1. 用 C 语言实现 ATM 系统

利用函数调用实现 ATM 系统功能的设计；系统的各个功能模块要求用函数的形式实现；提供一个界面来调用各个功能；调用界面和各个功能的操作界面应尽可能清晰美观。

2. ATM 系统设计

试设计一个简单的 ATM 系统，该系统以菜单方式工作，采用自定义函数设计各功能模块被主菜单调用，使之能提供以下基本功能。

① 密码识别功能。

② 取款功能。

③ 存款功能。

④ 查询功能。

⑤ 修改密码功能。

⑥ 正常退出功能。

⑦ 转账功能。

各功能模块可以对可能出现的异常情况进行简单的识别和纠错。

（三）项目实训的时间安排

① 4 学时，分析需求、理解需求。

② 8 学时，程序设计，定义数据和功能函数。

③ 24 学时，编写程序、调试、测试。

④ 4 学时，撰写设计报告、展示、答辩。

（四）项目实训的成绩评定

① 程序能正确运行，主菜单能正常调用各功能模块。占总成绩的 50%。

② 程序数据设计合理，功能模块设计灵活，能顺利实现 ATM 系统操作的基本功能。占总成绩的 20%。

③ 模拟 ATM 系统操作，按照实际要求，各功能模块有一定的纠错功能。占总成绩的 10%。

④ 各小组分工合理、配合默契，设计报告格式正确、结构完整，功能介绍全面，设计实现具体，展示和答辩能准确讲解各功能模块的任务与实现。占总成绩的 20%。

（五）项目实训设计报告格式

1. 实训设计报告内容摘要

（1）设计内容

（2）设计要求

① 用 C 语言实现系统。

② ATM 系统功能设计。

（3）系统设计方案

① 总体框架图。

② 功能模块划分与流程图。

2. 详细设计与实现（附代码）

① 功能模块设计实现。

② 模块代码。

③ 测试界面。

3. 小组成员及分工

4. 遇到的问题及解决方法

① 实训中遇到的问题及解决方法。

② 设计中尚存的不足之处。

③ 感想和心得体会。

5. 最后成绩评定及评语（学生不填）

（六）程序代码（部分，仅供参考）

```
/*C 语言 ATM 功能实现*/
/*功能为创建存储账号，设置一个必须为 6 位数的密码，并且写上对应存单号和 18 位身份证号，如果
身份证号不为 18 位，会返回要求重新输入身份证号
登录已创建成功的账号后，可以实现存款、取款、修改密码、转账、查询信息功能*/
#include<stdio.h>
#include<stdlib.h>
#include<string.h>
#define N 1000
#include<conio.h>
struct zhanghu{
  char idnum[9];//账户
  char name[10];//姓名
  char idnumber[20];//身份证号
  char password[7];//密码
  double cunkuan;//存款
}hu[N];
```

```c
int a,a1;//主界面选择变量
void caidan();//主界面
void Flag2();//用户界面
void zhuce();//注册
int yanzheng();//验证存单号或密码
void qukaun();//取款
void cunkuan();//存款
void display();//查询
void zhuan();//转账
void xiugai();//密码修改
void display();//查找
void huanying();//欢迎界面：方格
void huanying2();//欢迎使用界面
void datetime();//当前时间
int A,key;//开户人数
int i;//控制密码循环
char ch='y';//是否继续注册
double jin;//存的钱
int t;
char id[11],password[7];
int main(){
  int b;
  huanying();
  huanying2();
  system("COLOR 03");    //界面为蓝色
  caidan();//引入菜单主界面
  do{
  printf("\t\t 请做出选择（0~3）: ");
  scanf("%d",&a);
  switch(a){
    case 1:{
      zhuce();//注册
      caidan();
      break;
    }
    case 2:{
      b=yanzheng();
      fflush(stdin);//防止跳过数据
      Flag2();
      break;
    }
    case 3:exit(0);
```

```
        break;
        default:printf("\n\n\n\t\t 您输入的数据不符合要求!!!\n\n\n\n\n");
        }
    }while(1);
}
void caidan(){
    datetime();
    printf("\t\t===================== 欢迎使用 ATM 系统 ===============\n\n");
    printf("\n      ◆◆◆◆◆◆◆◆◆◆◆ ◆◆◆◆◆◆◆◆◆◆◆◆◆◆◆◆◆◆◆\n");
    printf("\t   |◆|******|◆|                      |◆|******|◆|\n");
    printf("\t   |◆|******|◆|       * 1.开户业务     |◆|******|◆|\n");
    printf("\t   |◆|******|◆|       * 2.登录系统     |◆|******|◆|\n");
    printf("\t    |◆|******|◆|      * 3.退出          |◆|******|◆|\n");
    printf("\t   |◆|******|◆|                      |◆|******|◆|\n");
    printf("\t   =====================================================\n");
    printf("\t   =====================================================\n");
}
void Flag2(){
    int a,b;//选择功能的变量
    do{
        printf("\n\n 按 Enter 键进入" );
        fflush(stdin);
        scanf("%c",&ch);
        system("cls");//清屏
        datetime();
        printf("\n");
        printf("\t\t========== 请选择服务 ===============\n");
        printf("\n");
        printf("\t\t*     *\n");
        printf("\n");
        printf("\t\t*    1. 实时存款   2. 取款服务   *\n");
        printf("\n");
        printf("\t\t*     *\n");
        printf("\n");
        printf("\t\t*    3. 查询      4. 转账服务*\n");
        printf("\n");
        printf("\t\t*     *\n");
        printf("\n");
        printf("\t\t*    5. 修改密码   6. 退出   *\n");
        printf("\n");
        printf("\t\t*              *\n");
        printf("\n");
        printf("\t\t=================================================\n");
```

```
        printf("\n");
        printf("\t 请做出选择（1~6）: ");
        fflush(stdin);
        scanf("%d",&a);
        switch(a){          //注册
          case 1: { system("cls");fflush(stdin);cunkuan();break;    //存款
          }
          case 2: {system("cls");fflush(stdin);qukaun();break;      //取款
          }
          case 3: {display();                                       //查询
          break;
          }
          case 4: {system("cls");fflush(stdin);zhuan();break;       //转账
          }
          case 5: {system("cls");fflush(stdin);xiugai();break;      //密码修改
          }
          case 6: exit(0);
          default:printf("您输入的选择有误，请输入正确的选项: ");
        }
    } while(1);
}
//开户
void zhuce(){
    FILE *nchuhu=fopen("shuju.txt","r");
    FILE *fchuhu=fopen("shuju.txt","a");
    int i;
    if((nchuhu=fopen("shuju.txt","r"))==NULL) printf("文件无，系统创建\n");
    do{
      system("cls");
      printf("\n\n\t\t 请输入新储户的信息: ");
      fscanf(nchuhu,"%s\t%s\t%s\t%s\t%lf\n",&hu[A].idnum,&hu[A].name,&hu[A].
idnumber,&hu[A].password,&hu[A].cunkuan);
      printf("\n\n\t\t 储户存单: ");
      fflush(stdin);
      gets(hu[A].idnum);
      printf("\n\t\t 姓名: ");
      fflush(stdin);
      gets(hu[A].name);
      printf("\n\t\t 储户密码（6位）: ");
      for(i=0;i<6;i++){
      fflush(stdin);
      hu[A].password[i]=getch();
      printf("*");
```

```
          }
          printf("\n");
          do{
            printf("\n\t\t 请输入身份证号（18 位）: ");
            fflush(stdin);
            gets(hu[A].idnumber);
            if(strlen(hu[A].idnumber)!=18)
            printf("\n\t\t 输入错误！\n\t\t 身份证号必须是 18 位，请重新输入！\n");
            for(i=0;i<A;i++)
            if(strcmp(hu[A].idnumber,hu[i].idnumber)==0&&strcmp(hu[A].name,hu[i]. name)
==0)
            break;
          }while((strlen(hu[A].idnumber)!=18)||(strcmp(hu[A].idnumber,hu[i].idnumb
er)==0)&&(strcmp(hu[A].name,hu[i].name)!=0));
          printf("输入存储的金额: ");
          fflush(stdin);
          scanf("%lf",&hu[A].cunkuan);
          fprintf(fchuhu,"%s\t%s\t%s\t%s\t%lf\n",hu[A].idnum,hu[A].name,hu[A].idnumber,
hu[A].password,hu[A].cunkuan);
          A++;
          printf("是否继续: 是(y)/否(n)?");
          fflush(stdin);
          scanf("%c",&ch);
          }while(ch=='y'||ch=='Y');
          printf("存入成功！");
          system("cls");
          fclose(nchuhu);
          fclose(fchuhu);
        }
        //验证存单号或密码
        int yanzheng(){
          FILE *fchuhu=fopen("shuju.txt","r");
          int count=0;
          char id[9];
          for(i=0;i<=100;i++){
            fscanf(fchuhu,"%s\t%s\t%s\t%s\t%lf\n",&hu[i].idnum,&hu[i].name,&hu[i].
idnumber,&hu[i].password,&hu[i].cunkuan);
          }
          do{
            system("cls");
            datetime();
            printf("\n\n\n\t\t$$$$$$$$$$$$$$$$$$$$$$$$$$$$$$$$$$$$$$$$$$$$$$$$$$$\n");
```

```
    printf("\t\t|#|                                          |#|\n");
    printf("\t\t|#|          ☆☆☆☆☆☆☆☆☆                        |#|\n");
    printf("\t\t|#|          ☆                   ☆            |#|\n");
    printf("\t\t|#|    ☆    存单号或者密码有误自动返回    ☆     |#|\n");
    printf("\t\t|#|          ☆                   ☆            |#|\n");
    printf("\t\t|#|          ☆☆☆☆☆☆☆☆☆                        |#|\n");
    printf("\t\t|#|                                          |#|\n");
    printf("\t\t$$$$$$$$$$$$$$$$$$$$$$$$$$$$$$$$$$$$$$$$$$$$$$$$$$$$$$$$\n");
    printf("\n\n\n\t\t        请输入您的存单号:    ");
    scanf("%s",&id);
    printf("\n\n\n\t\t        请输入您的密码:    ");
    for(i=0;i<6;i++){
      fflush(stdin);
      password[i]=getch();
      printf("*");
    }
    password[6]='\0';
    fflush(stdin);
    scanf("c",&ch);
    printf("\n\n\t\t");
    for(i=0;i<99;i++){
      if(strcmp(id,hu[i].idnum)==0&&strcmp(password,hu[i].password)==0){
        fclose(fchuhu);
        return 0;
      }
    }
  }while(count==0);
  fclose(fchuhu);
  return count;
}
//*******************************************************************************
//存款
void cunkuan(){
  int x=0;
  FILE *fchuhu=fopen("shuju.txt","r");
  FILE *achuhu=fopen("back.txt","w");
  char id[9];int i;
  if(!fchuhu) printf("不能打开文件: ");
  if(!achuhu) printf("不能创建文件");
  for(i=0;i<=100;i++){
    fscanf(fchuhu,"%s\t%s\t%s\t%s\t%lf\n",&hu[i].idnum,&hu[i].name,&hu[i].
```

```
idnumber,&hu[i].password,&hu[i].cunkuan);
    } //
    datetime();
    printf("\n\n\t\t##请再次输入并确认存单：");
    scanf("%s",&id);
    system("cls");
    for(i=0;i<=100;i++){
      if(strcmp(id,hu[i].idnum)==0){
        datetime();
        printf("\n\n");
        printf("\t\t||=========================================||\n");
        printf("\t\t||                  *存款金额*              ||\n");
        printf("\t\t||=========================================||\n");
        printf("\t\t||                                         ||\n");
        printf("\t\t||                                         ||\n");
        printf("\t\t||    1、200      2、400    3、600   4、800  ||\n");
        printf("\t\t||                                         ||\n");
        printf("\t\t||                                         ||\n");
        printf("\t\t||    5、1000     6、2000   7、4000  8、6000 ||\n");
        // printf("\t\t||                                         ||\n");
        // printf("\t\t||                                         ||\n");
        // printf("\t\t||               9.存入任意金额             ||\n");
        printf("\t\t||                                         ||\n");
        printf("\t\t||=========================================||\n");
        printf("\t\t||=========================================||\n");
        printf("\n\n\t\t\t 请输入您的存款金额：");
        scanf("%d",&a);
        switch(a){
          case 1:{jin=200;
            printf("\t\t\t 存款%lf 元",jin);
            printf("\n\n\n\t\t\t^^^^存款成功^^^^");
            hu[i].cunkuan+=jin;
            printf("\n\n\t\t\t$您的余额为：%lf",hu[i].cunkuan);
            fprintf(achuhu,"%s\t%s\t%s\t%s\t%lf\n",hu[i].idnum,hu[i].name,hu[i].
idnumber,hu[i].password,hu[i].cunkuan);
            break;
          }
          case 2:{jin=400;
            printf("\t\t\t 存款%lf 元",jin);
            printf("\n\n\n\t\t\t^^^^存款成功^^^^");
            hu[i].cunkuan+=jin;
```

```
            printf("\n\n\t\t\t$您的余额为：%lf",hu[i].cunkuan);
            fprintf(achuhu,"%s\t%s\t%s\t%s\t%lf\n",hu[i].idnum,hu[i].name,hu[i].
idnumber,hu[i].password,hu[i].cunkuan);
            break;
        }
        case 3:{
            jin=600;
            printf("\t\t\t 存款%lf 元",jin);
            printf("\n\n\n\t\t\t^^^^存款成功^^^^");
            hu[i].cunkuan+=jin;
            printf("\n\n\t\t\t$您的余额为：%lf",hu[i].cunkuan);
            fprintf(achuhu,"%s\t%s\t%s\t%s\t%lf\n",hu[i].idnum,hu[i].name,hu[i].
idnumber,hu[i].password,hu[i].cunkuan);
            break;
        }
        case 4:{
            jin=800;
            printf("\t\t\t 存款%lf 元",jin);
            printf("\n\n\n\t\t\t^^^^存款成功^^^^");
            hu[i].cunkuan+=jin;
            printf("\n\n\t\t\t$您的余额为：%lf",hu[i].cunkuan);
            fprintf(achuhu,"%s\t%s\t%s\t%s\t%lf\n",hu[i].idnum,hu[i].name,hu[i].
idnumber,hu[i].password,hu[i].cunkuan);
            break;
        }
        case 5:{jin=1000;
            printf("\t\t\t 存款%lf 元",jin);
            printf("\n\n\n\t\t\t^^^^存款成功^^^^");
            hu[i].cunkuan+=jin;
            printf("\n\n\t\t\t$您的余额为：%lf",hu[i].cunkuan);
            fprintf(achuhu,"%s\t%s\t%s\t%s\t%lf\n",hu[i].idnum,hu[i].
name,hu[i].idnumber,hu[i].password,hu[i].cunkuan);
            break;
        }
        case 6:{jin=2000;
            printf("\t\t\t 存款%lf 元",jin);
            printf("\n\n\n\t\t\t^^^^存款成功^^^^");
            hu[i].cunkuan+=jin;
            printf("\n\n\t\t\t$您的余额为：%lf",hu[i].cunkuan);
            fprintf(achuhu,"%s\t%s\t%s\t%s\t%lf\n",hu[i].idnum,hu[i].name,
hu[i].idnumber,hu[i].password,hu[i].cunkuan);
```

```
                break;
            }
        case 7:{
            jin=4000;
            printf("\t\t\t 存款%lf 元",jin);
            printf("\n\n\n\t\t\t^^^^存款成功^^^^");
            hu[i].cunkuan+=jin;
            printf("\n\n\t\t\t$您的余额为：%lf",hu[i].cunkuan);
            fprintf(achuhu,"%s\t%s\t%s\t%s\t%lf\n",hu[i].idnum,hu[i].name,
hu[i].idnumber,hu[i].password,hu[i].cunkuan);
                break;
            }
        case 8:{
            jin=6000;
            printf("\t\t\t 存款%lf 元",jin);
            printf("\n\n\n\t\t\t^^^^存款成功^^^^");
            hu[i].cunkuan+=jin;
            printf("\n\n\t\t\t$您的余额为：%lf",hu[i].cunkuan);
            fprintf(achuhu,"%s\t%s\t%s\t%s\t%lf\n",hu[i].idnum,hu[i].name,
hu[i].idnumber,hu[i].password,hu[i].cunkuan);
                break;
            }
        default:printf("\n\n\n\t\t\t 您选择的金额不在服务范围内!!!\n\n\n\t\t\t 请重新选
择业务：");
            }
        fclose(fchuhu);
        fclose(achuhu);
        system("del shuju.txt");
        rename("back.txt","shuju.txt");
        break;
        }
    }
}
//取款
void qukaun(){
    FILE *fchuhu=fopen("shuju.txt","r");
    FILE *achuhu=fopen("back.txt","w");
    int i;
    char id[9];
    if(!fchuhu) printf("不能打开文件：");
    if(!achuhu) printf("不能创建新文件：");
```

```
    for(i=0;i<=100;i++){
        fscanf(fchuhu,"%s\t%s\t%s\t%s\t%lf\n",&hu[i].idnum,&hu[i].name,&hu[i].
idnumber,&hu[i].password,&hu[i].cunkuan);
    }
    datetime();
    printf("\n\n\t\t 请再次输入并确认存单：");
    scanf("%s",&id);
    for(i=0;i<=99;i++){
        if(strcmp(id,hu[i].idnum)==0){
            printf("\n\n");
            printf("\t\t||======================================||\n");
            printf("\t\t||                *取款金额*               ||\n");
            printf("\t\t||======================================||\n");
            printf("\t\t||                                       ||\n");
            printf("\t\t||                                       ||\n");
            printf("\t\t||     1、200    2、400    3、600    4、800   ||\n");
            printf("\t\t||                                       ||\n");
            printf("\t\t||                                       ||\n");
            printf("\t\t||     5、1000   6、2000   7、4000  8、6000  ||\n");
            printf("\t\t||                                       ||\n");
            printf("\t\t||                                       ||\n");
            printf("\t\t||                9.任意金额               ||\n");
            printf("\t\t||                                       ||\n");
            printf("\t\t||======================================||\n");
            printf("\t\t||======================================||\n");
            printf("\n\n\t\t\t 请输入您的取款金额：");
            scanf("%d",&a);
            switch(a){
                case 1:{
                    jin=200;
                    if(hu[i].cunkuan > jin){
                        printf("\t\t\t 取出%lf 元",jin);
                        printf("\n\n\n\t\t\t^^^^取款成功^^^^");
                        hu[i].cunkuan-=jin;
                        printf("\n\n\t\t\t$您的余额为：%lf",hu[i].cunkuan);
                        fprintf(achuhu,"%s\t%s\t%s\t%s\t%lf\n",hu[i].idnum,hu[i].name,hu[i].
idnumber,hu[i].password,hu[i].cunkuan);
                        break;
                    }else{
                        printf("\t\t\t 您的余额不足");
                        printf("\n\n\t\t\t$您的余额为：%lf",hu[i].cunkuan);
                        fprintf(achuhu,"%s\t%s\t%s\t%s\t%lf\n",hu[i].idnum,hu[i].name,
```

```
hu[i].idnumber,hu[i].password,hu[i].cunkuan);
                break;
            }
        }
        case 2:{jin=400;
            if(hu[i].cunkuan > jin) {
                printf("\t\t\t取出%lf元",jin);
                printf("\n\n\n\t\t\t^^^^取款成功^^^^");
                hu[i].cunkuan-=jin;
                printf("\n\n\t\t\t$您的余额为：%lf",hu[i].cunkuan);
                fprintf(achuhu,"%s\t%s\t%s\t%s\t%lf\n",hu[i].idnum,hu[i].name,
hu[i].idnumber,hu[i].password,hu[i].cunkuan);
                break;
            }else{
                printf("\t\t\t您的余额不足");
                printf("\n\n\t\t\t$您的余额为：%lf",hu[i].cunkuan);
                fprintf(achuhu,"%s\t%s\t%s\t%s\t%lf\n",hu[i].idnum,hu[i].name,
hu[i].idnumber,hu[i].password,hu[i].cunkuan);
                break;
            }
        }
        case 3:{
            jin=600;
            if(hu[i].cunkuan > jin){
                printf("\t\t\t取出%lf元",jin);
                printf("\n\n\n\t\t\t^^^^取款成功^^^^");
                hu[i].cunkuan-=jin;
                printf("\n\n\t\t\t$您的余额为：%lf",hu[i].cunkuan);
                fprintf(achuhu,"%s\t%s\t%s\t%s\t%lf\n",hu[i].idnum,hu[i].name,
hu[i].idnumber,hu[i].password,hu[i].cunkuan);
                break;
            }else{
                printf("\t\t\t您的余额不足");
                printf("\n\n\t\t\t$您的余额为：%lf",hu[i].cunkuan);
                fprintf(achuhu,"%s\t%s\t%s\t%s\t%lf\n",hu[i].idnum,hu[i].name,
hu[i].idnumber,hu[i].password,hu[i].cunkuan);
                break;
            }
        }
        case 4:{
            jin=800;
```

```
            if(hu[i].cunkuan > jin){
                printf("\t\t\t 取出%lf 元",jin);
                printf("\n\n\n\t\t\t^^^^取款成功^^^^");
                hu[i].cunkuan-=jin;
                printf("\n\n\t\t\t$您的余额为：%lf",hu[i].cunkuan);
                fprintf(achuhu,"%s\t%s\t%s\t%s\t%lf\n",hu[i].idnum,hu[i].name,
hu[i].idnumber,hu[i].password,hu[i].cunkuan);
                break;
            }else{
                printf("\t\t\t 您的余额不足");
                printf("\n\n\t\t\t$您的余额为：%lf",hu[i].cunkuan);
                fprintf(achuhu,"%s\t%s\t%s\t%s\t%lf\n",hu[i].idnum,hu[i].name,
hu[i].idnumber,hu[i].password,hu[i].cunkuan);
                break;
            }
        }
        case 5:{jin=1000;
            if(hu[i].cunkuan > jin){
                printf("\t\t\t 取出%lf 元",jin);
                printf("\n\n\n\t\t\t^^^^取款成功^^^^");
                hu[i].cunkuan-=jin;
                printf("\n\n\t\t\t$您的余额为：%lf",hu[i].cunkuan);
                fprintf(achuhu,"%s\t%s\t%s\t%s\t%lf\n",hu[i].idnum,hu[i].name,
hu[i].idnumber,hu[i].password,hu[i].cunkuan);
                break;
            }else{
                printf("\t\t\t 您的余额不足");
                printf("\n\n\t\t\t$您的余额为：%lf",hu[i].cunkuan);
                fprintf(achuhu,"%s\t%s\t%s\t%s\t%lf\n",hu[i].idnum,hu[i].name,
hu[i].idnumber,hu[i].password,hu[i].cunkuan);
                break;
            }
        }
        case 6:{jin=2000;
            if(hu[i].cunkuan > jin){
                printf("\t\t\t 取出%lf 元",jin);
                printf("\n\n\n\t\t\t^^^^取款成功^^^^");
                hu[i].cunkuan-=jin;
                printf("\n\n\t\t\t$您的余额为：%lf",hu[i].cunkuan);
                fprintf(achuhu,"%s\t%s\t%s\t%s\t%lf\n",hu[i].idnum,hu[i].name,
hu[i].idnumber,hu[i].password,hu[i].cunkuan);
```

```
          break;
        }else{
        printf("\t\t\t 您的余额不足");
        printf("\n\n\t\t\t$您的余额为：%lf",hu[i].cunkuan);
        fprintf(achuhu,"%s\t%s\t%s\t%s\t%lf\n",hu[i].idnum,hu[i].name,
hu[i].idnumber,hu[i].password,hu[i].cunkuan);
          break;
        }
      }
      case 7:{
        jin=4000;
        if(hu[i].cunkuan > jin){
        printf("\t\t\t 取出%lf 元",jin);
        printf("\n\n\n\t\t\t^^^^取款成功^^^^");
        hu[i].cunkuan-=jin;
        printf("\n\n\t\t\t$您的余额为：%lf",hu[i].cunkuan);
        fprintf(achuhu,"%s\t%s\t%s\t%s\t%lf\n",hu[i].idnum,hu[i].name,
hu[i].idnumber,hu[i].password,hu[i].cunkuan);
          break;
        }else{
        printf("\t\t\t 您的余额不足");
        printf("\n\n\t\t\t$您的余额为：%lf",hu[i].cunkuan);
        fprintf(achuhu,"%s\t%s\t%s\t%s\t%lf\n",hu[i].idnum,hu[i].name,
hu[i].idnumber,hu[i].password,hu[i].cunkuan);
          break;
        }
      }
      case 8:{
        jin=6000;
        if(hu[i].cunkuan > jin){
        printf("\t\t\t 取出%lf 元",jin);
        printf("\n\n\n\t\t\t^^^^取款成功^^^^");
        hu[i].cunkuan-=jin;
        printf("\n\n\t\t\t$您的余额为：%lf",hu[i].cunkuan);
        fprintf(achuhu,"%s\t%s\t%s\t%s\t%lf\n",hu[i].idnum,hu[i].name,
hu[i].idnumber,hu[i].password,hu[i].cunkuan);
          break;
        }else{
        printf("\t\t\t 您的余额不足");
        printf("\n\n\t\t\t$您的余额为：%lf",hu[i].cunkuan);
        fprintf(achuhu,"%s\t%s\t%s\t%s\t%lf\n",hu[i].idnum,hu[i].name,
```

```
hu[i].idnumber,hu[i].password,hu[i].cunkuan);
            break;
        }
    }
    case 9:{
        double qu = 0;
        printf("\t\t\t请输入您的任意取款金额:");
        scanf("%lf",&qu);
        if(hu[i].cunkuan > qu){
            printf("\t\t\t取出%lf元",qu);
            printf("\n\n\n\t\t\t^^^^取款成功^^^^");
            hu[i].cunkuan-=qu;
            printf("\n\n\t\t\t$您的余额为：%lf",hu[i].cunkuan);
            fprintf(achuhu,"%s\t%s\t%s\t%s\t%lf\n",hu[i].idnum,hu[i].name,
hu[i].idnumber,hu[i].password,hu[i].cunkuan);
            break;
        }else{
            printf("\t\t\t您的余额不足");
            printf("\n\n\t\t\t$您的余额为：%lf",hu[i].cunkuan);
            fprintf(achuhu,"%s\t%s\t%s\t%s\t%lf\n",hu[i].idnum,hu[i].name,
hu[i].idnumber,hu[i].password,hu[i].cunkuan);
            break;
        }
    }
    default:printf("\n\n\n\t\t\t您的选择金额不在服务范围内!!! \n\n\n\t\t\t请
重新选择业务：");
    }
    fclose(fchuhu);
    fclose(achuhu);
    system("del shuju.txt");
    rename("back.txt","shuju.txt");
    break;
    }
    }
}
//*********************************************************************************
//转账
void zhuan(){
    FILE *fchuhu=fopen("shuju.txt","r+");
    int i;
    char id[9];
```

```c
    if(!fchuhu)  printf("不能打开文件：");
    for(i=0;i<=100;i++){
      fscanf(fchuhu,"%s\t%s\t%s\t%s\t%lf\n",&hu[i].idnum,&hu[i].name,&hu[i].
idnumber,&hu[i].password,&hu[i].cunkuan);
    }
    printf("\n\n\t\t 请输入转账人的存单号：");
    scanf("%s",&id);
    for(i=0;i<=99;i++){
      if(strcmp(id,hu[i].idnum)==0){
        printf("\n\n\t\t 请输入要转账的金额：");
        scanf("%lf",&jin);
        printf("\n\n\t\t 请确认数目：%lf",jin);
        hu[i].cunkuan+=jin;
        printf("\n\n\n 转账成功");
        fprintf(fchuhu,"%s\t%s\t%s\t%s\t%lf\n",hu[A].idnum,hu[A].name,hu[A].
idnumber,hu[A].password,hu[A].cunkuan);
        fclose(fchuhu);
        fclose(fchuhu);
        break;
      }
    }
  }
  void xiugai(){
    FILE *fchuhu=fopen("shuju.txt","r");
    FILE *achuhu=fopen("back.txt","w");
    int j,i;
    char id[9];
    if(!fchuhu)  printf("不能打开文件：");
    if(!achuhu)  printf("不能创建新文件：");
    for(i=0;i<=100;i++){
      fscanf(fchuhu,"%s\t%s\t%s\t%s\t%lf\n",&hu[i].idnum,&hu[i].name,&hu[i].
idnumber,&hu[i].password,&hu[i].cunkuan);
    }
    printf("\n\n\t\t 请再次输入并确认存单：");
    scanf("%s",&id);
    for(i=0;i<=99;i++){
      if(strcmp(id,hu[i].idnum)==0){
        printf("请输入新的密码：\n");
        printf("\n\t\t 储户密码（6 位）：");
        for(j=0;j<6;j++){
          fflush(stdin);
```

```
                hu[i].password[j]=getch();
                printf("*");
            }
        printf("\n\n\t\t 新的密码: %s\n",hu[i].password);
        printf("\n\n\t\t 修改成功");
        fprintf(achuhu,"%s\t%s\t%s\t%s\t%lf\n",hu[A].idnum,hu[A].name,hu[A].
idnumber,hu[A].password,hu[A].cunkuan);
        fclose(fchuhu);
        fclose(achuhu);
        system("del shuju.txt");
        rename("back.txt","shuju.txt");
        break;
        }
    }
}
//查询信息
void display(){
    FILE *fchuhu=fopen("shuju.txt","r");
    int i,n=0;
    char fnumb[9];
    system("cls");
    for(i=0;i<=100;i++){
        fscanf(fchuhu,"%s\t%s\t%s\t%s\t%lf\n",&hu[i].idnum,&hu[i].name,&hu[i].
idnumber,&hu[i].password,&hu[i].cunkuan);
    }
    datetime();
    printf("\n\n\n\t\t\t\t 请输入您的存单号: ");
    scanf("%s",&fnumb);
    printf("\n\n\n");
    printf("\t\t\t\t 您的个人信息如下: ");
    printf("\n\n");
    for(i=0;i<=99;i++)
    if(strcmp(fnumb,hu[i].idnum)==0){
        printf("存单号: %s\t 姓名: %s\t 身份证: %s\t 密码: %s\t 存款金额: %lf\n",
hu[i].idnum,hu[i].name,hu[i].idnumber,hu[i].password,hu[i].cunkuan);
        n=1;
        fclose(fchuhu);
        system("pause");
        break;
        }
    if(n==0) printf("此账单不存在!!! \n");
    fclose(fchuhu);
}
```

```c
void huanying()
{
  int i, j;
  datetime();
  for (i = 0; i < 5; i++)
  {
    printf("\t\t\t\t");
    for (j = 0; j < 37; j++)
    {
      if ((i + j) % 2 == 0)
        printf("%c%c", 0xa8, 0x80);
      else
        printf("  ");
    }
    printf("\n");
  }
}
void huanying2()
{
  system("color C");
  printf("\t\t\t=====================================================\n");
  printf("\t\t\t\t\t*************************************\n");
  printf("\t\t\t\t\t*************************************\n");
  printf("\t\t\t\t\t*************************************\n");
  printf("\t\t\t\t\t|$                             $|\n");
  printf("\t\t\t\t\t|$                             $|\n");
  printf("\t\t\t\t\t|$ 生                       事 $|\n");
  printf("\t\t\t\t\t|$                             $|\n");
  printf("\t\t\t\t\t|$ 活                       业 $|\n");
  printf("\t\t\t\t\t|$          欢迎使用ATM        $|\n");
  printf("\t\t\t\t\t|$ 顺                       有 $|\n");
  printf("\t\t\t\t\t|$                             $|\n");
  printf("\t\t\t\t\t|$ 利                       成 $|\n");
  printf("\t\t\t\t\t|$                             $|\n");
  printf("\t\t\t\t\t|$                             $|\n");
  printf("\t\t\t\t\t|$                             $|\n");
  getch();
  system("pause");
  system("cls");
}
void datetime()
{//显示当前具体时间
  printf("当前日期: ");
```

```
    system("date/t");
    printf("当前时间: ");
    system("time/t");
}
```

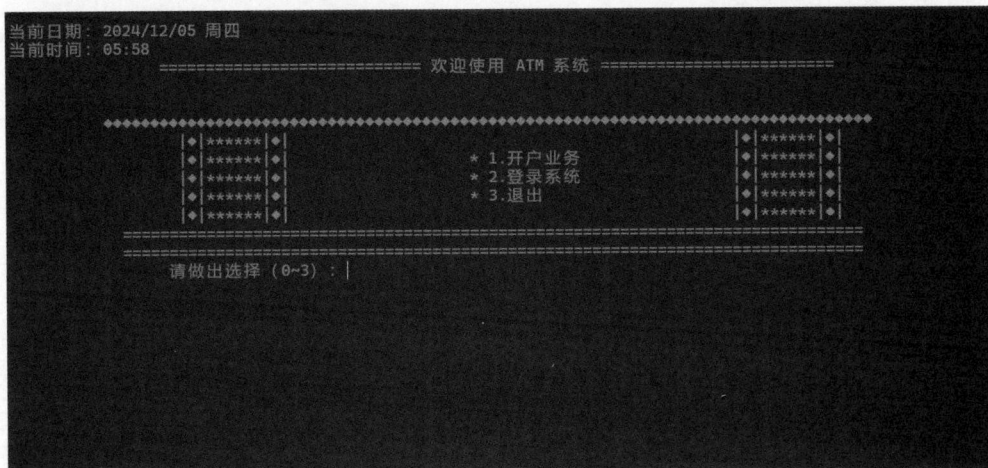

图10-1　总功能界面

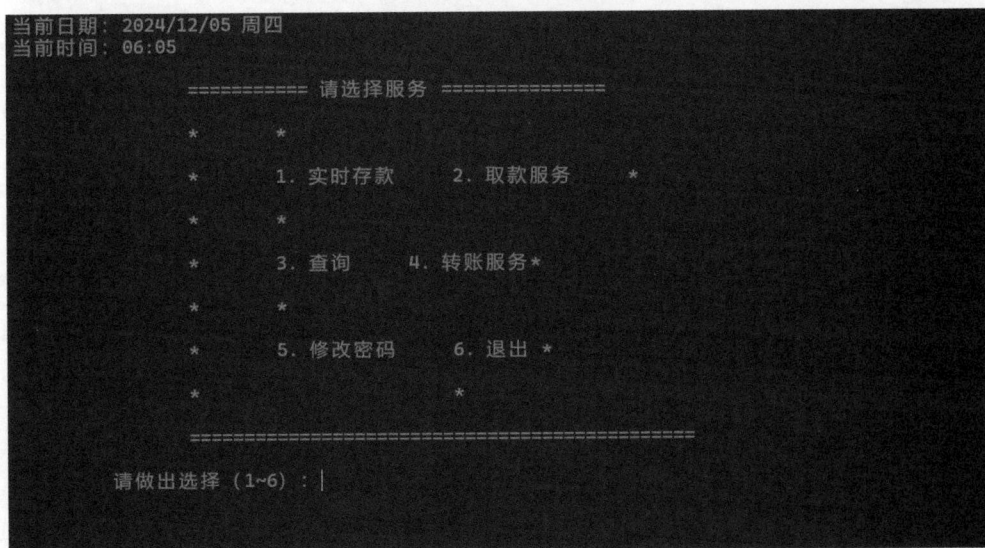

图10-2　具体功能界面

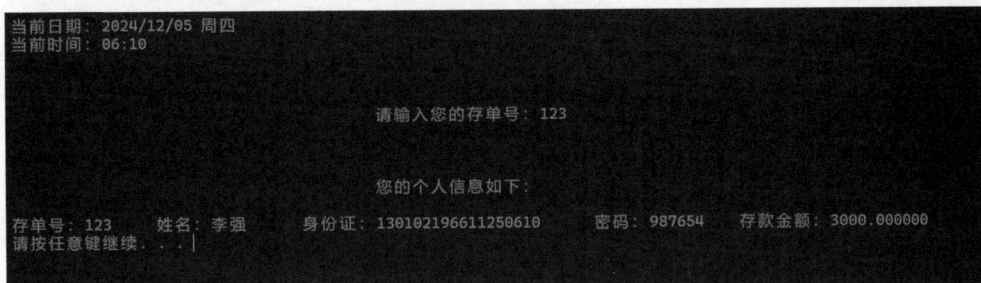

图10-3　查询界面

附录1

C语言中的关键字

auto	break	case	char	const
continue	default	do	double	else
enum	extern	float	for	goto
if	int	long	register	return
short	signed	sizeof	static	struct
switch	typedef	union	unsigned	void
volatile	while			

附录2

常用字符与 ASCII 值对照表

ASCII 值	字符	ASCII 值	字符	ASCII 值	字符	ASCII 值	字符
0	NUL	32	空格	64	@	96	`
1	SOH	33	!	65	A	97	a
2	STX	34	"	66	B	98	b
3	ETX	35	#	67	C	99	c
4	EOT	36	$	68	D	100	d
5	ENQ	37	%	69	E	101	e
6	ACK	38	&	70	F	102	f
7	BEL	39	'	71	G	103	g
8	BS	40	(	72	H	104	h
9	HT	41	)	73	I	105	i
10	LF	42	*	74	J	106	j
11	VT	43	+	75	K	107	k
12	FF	44	,	76	L	108	l
13	CR	45	–	77	M	109	m
14	SO	46	.	78	N	110	n
15	SI	47	/	79	O	111	o
16	DLE	48	0	80	P	112	p
17	DC1	49	1	81	Q	113	q
18	DC2	50	2	82	R	114	r
19	DC3	51	3	83	S	115	s
20	DC4	52	4	84	T	116	t
21	NAK	53	5	85	U	117	u
22	SYN	54	6	86	V	118	v
23	ETB	55	7	87	W	119	w
24	CAN	56	8	88	X	120	x
25	EM	57	9	89	Y	121	y
26	SUB	58	:	90	Z	122	z
27	ESC	59	;	91	[	123	{
28	FS	60	<	92	\	124	|
29	GS	61	=	93	]	125	}
30	RS	62	>	94	^	126	~
31	US	63	?	95	—	127	DEL

附录3

运算符的优先级和结合方向

优先级	类型	运算符	含义	结合方向
1		()	圆括号	自左向右
		[]	数组下标	
		->	指针指向	
		.	结构体类型成员	
2	单目	!	逻辑非	自右向左
		~	按位取反	
		++	自增	
		--	自减	
		-	负号	
		+	正号	
		（类型）	强制类型转换	
		*	指针所指对象	
		&	取地址	
		sizeof	计算占用内存字节数	
3	算术（双目）	*	乘	自左向右
		/	除	
		%	取余数	
4	算术（双目）	+	加	自左向右
		-	减	
5	位运算（双目）	<<	左移	自左向右
		>>	右移	
6	关系（双目）	>	大于	自左向右
		>=	大于等于	
		<	小于	
		<=	小于等于	
		==	等于	
		!=	不等于	
7	位运算（单目）	&	按位与	自左向右
		|	按位或	
		^	按位异或	

优先级	类型	运算符	含义	结合方向
8	逻辑（双目）	&& ||	逻辑与 逻辑或	自左向右
9	条件（三目）	?:	如果……则，否则……	自右向左
10	赋值（双目）	=　+= −=　*= /=　%= >>=　<<= &=　^= |=	赋值及自反	自右向左
11	顺序	,	逗号	自左向右

附录4

常用的 C 语言标准库函数

（1）数学函数：使用数学函数时，应该使用#include <math.h>把 math.h 头文件包含到源程序文件中。表 1 给出了常用的数学函数。

表1　常用的数学函数

函数原型说明	函数意义解释
double acos(double x);	计算 x 的反余弦函数值，x 的单位为弧度
double asin(double x);	计算 x 的反正弦函数值，x 的单位为弧度
double atan(double x);	计算 x 的反正切函数值，x 的单位为弧度
double ceil(double x);	求不小于 x 的最小双精度数
double cos(double x);	计算 x 的余弦函数值，x 的单位为弧度
double cosh(double x);	计算 x 的双曲余弦函数值，x 的单位为弧度
double exp(double x);	求 e 的 x 次方
double fabs(double x);	求 x 的绝对值
double floor(double x);	求不大于 x 的最大整数
double fmod(double x,double y);	求整除 x/y 的余数
double log(double x);	求 x 的自然对数
double log10(double x);	求以 10 为底的 x 的对数
double pow(double x,double y);	求 x 的 y 次方
double sin(double x);	求 x 的正弦函数值
double sinh(double x);	计算 x 的双曲正弦函数值
double sqrt(double x);	计算 x 的平方根
double tan(double x);	计算 x 的正切函数值
double tanh(double x);	计算 x 的双曲正切函数值

（2）输入、输出函数：使用输入、输出函数时，应该使用#include <stdio.h>把 stdio.h 头文件包含到源程序文件中。表 2 给出常用的输入、输出函数。

表2　常用的输入、输出函数

函数原型说明	函数意义解释
void clearerr(FILE*fp);	使 fp 指向文件的错误标志和文件结束标志置 0
int close(int fp);	关闭文件
int creat(char *filename,int mode);	以 mode 指定的方式建立文件

函数原型说明	函数意义解释
int eof(int fd);	检查文件是否结束
int fclose(FILE * fp);	关闭 fp 指向的文件，释放文件缓冲区
int feof(FILE*fp);	检查文件是否结束
int fgetc(FILE*fp);	从 fp 指向的文件中取得下一个字符
char *fgets(char *buf,int n, FILE*fp);	从 fp 指向的文件中读取一个长度为 n-1 的字符串，并将其存入起始地址为 buf 的空间
FILE *fopen(char*filename,char *mode);	以 mode 指定的方式打开名为 filename 的文件
int fprintf(FILE*fp,char *format,args,…);	把 args 的值以 format 指定的格式输出到 fp 指向的文件中
int fputc(char ch, FILE*fp);	将字符 ch 输出到 fp 指向的文件中
int fputs(char*str, FILE*fp);	将 str 指向的字符串输出到 fp 指向的文件中
int fread(char*pt,unsigned size,unsigned n, FILE*fp);	从 fp 指向的文件中读取长度为 size 的 n 个数据项，存到 pt 指向的内存区域
int fscanf(FILE*fp,char format,args,…);	从 fp 指向的文件中按 format 给定的格式将输入数据送到 args 指向的内存单元（args 是指针）
int fseek（FILE*fp，long offset,int base）;	将 fp 指向的文件的文件位置指针移到以 base 所给出的位置为基准、以 offset 为偏移量的位置
long ftell(FILE*fp);	返回 fp 指向的文件中的读写位置
int fwrite(char*ptr,unsigned size,unsigned n, FILE*fp);	把 ptr 指向的 n*size 个字节输出到 fp 指向的文件中
int getc(FILE*fp);	从 fp 指向的文件中读取一个字符
int getchar(void);	从标准输入设备中读取下一个字符
int getw(FILE*fp);	从 fp 指向的文件中读取下一个字符（整数）
int open(char *filename,int mode);	以 mode 指定的方式打开已存在的名为 filename 的文件
int printf(char*format,args,…);	按 format 指向的格式控制字符串所规定的格式，将输出表列 args 的值输出到标准输出设备
int putc(int ch, FILE *fp) ;	把一个字符 ch 输出到 fp 指向的文件中
int putchar(char ch);	把字符 ch 输出到标准输出设备
int puts(char*str);	把 str 指向的字符串输出到标准输出设备，将'\0'转换为回车/换行
int putw(int w, FILE *fp);	将一个整数 w（一个字符）写到 fp 指向的文件中
int read(int fd,char *buf,unsigned count);	从文件号 fd 指向的文件中读取 count 个字节到由 buf 指示的缓冲区中
int rename(char *oldname,char *newname);	把由 oldname 指向的文件名改为由 newname 指向的文件名
void rewind(FILE *fp);	将 fp 指向的文件中的文件位置指针置于文件开头，并清除文件结束标志和错误标志
int scanf(char *format,args,…);	从标准输入设备按 format 指向的格式控制字符串所规定的格式，输入数据给 args 指向的单元
int write(int fd,char *buf,unsigned count);	从 buf 指向的缓冲区中输出 count 个字符到 fd 指向的文件中

（3）字符函数和字符串函数：使用字符串函数时，应该使用#include <stdio.h>将 stdio.h 头文件包含到源程序文件中；使用字符函数时，应该使用#include <ctype.h>将 ctype.h 头文件包含到源程

序文件中。表 3 给出了常用的字符函数和字符串函数。

表3　常用的字符函数和字符串函数

函数原型说明	函数意义解释
int isalnum(int ch);	检查字符 ch 是否是字母（alpha）或数字（numeric）
int isalpha(int ch);	检查字符 ch 是否是字母
int iscntrl(int ch);	检查字符 ch 是否是控制字符（其 ASCII 值范围为 0~0x1F）
int isdigit(int ch);	检查字符 ch 是否是数字（0~9）
int isgraph(int ch);	检查字符 ch 是否是可打印字符（其 ASCII 值范围为 0x21~0x7E），不包括空格
int islower(int ch);	检查字符 ch 是否是小写字母（a~z）
int isprint(int ch);	检查字符 ch 是否是可打印字符（包括空格），其 ASCII 值范围为 0x20~0x7E
int ispunct(int ch);	检查字符 ch 是否是标点字符（不包括空格），即除字母、数字和空格以外的所有可打印字符
int isspace(int ch);	检查字符 ch 是否是空格、跳格符（制表符）或换行符
int isupper(int ch);	检查字符 ch 是否是大写字母（A~Z）
int isxdigit(int ch);	检查字符 ch 是否是一个十六进制数字字符（0~9，或 A~F，或 a ~f）
char *strcat(char *str1，char *str2);	把字符串 str2 接到字符串 str1 后面，字符串 str1 最后面的'\0'被取消
char *strchr(char *str，int ch);	找出字符串 str 指向的字符串中第一次出现字符 ch 的位置
int strcmp(char *str1，char *str2);	比较两个字符串 str1、str2
char *strcpy(char *str1，char *str2);	把字符串 str2 指向的字符串复制到字符串 str1 中去
unsigned int strlen(char *str);	统计字符串 str 中字符的个数（不包括结束符 '\0'）
char *strstr(char *str1，char *str2);	找出字符串 str2 在字符串 str1 中第一次出现的位置（不包括字符串 str2 的串结束符）
int tolower(int ch);	将字符 ch 转换为小写字母
int toupper(int ch);	将字符 ch 转换为大写字母

（4）动态存储分配函数：使用该函数时，应该使用#include <stdlib.h>将 stdlib.h 头文件包含到源程序文件中。表 4 给出常用的动态存储分配函数。

表4　动态存储分配函数

函数原型说明	函数意义解释
void *calloc(unsigned n,unsigned size);	分配 n 个数据项的内存连续空间，每个数据项的大小为 size
void free(void * p);	释放 p 指向的内存区域
void *malloc(unsigned size);	分配 size 字节的存储区域
void *realloc(void *p,unsigned size);	将 p 指向的已分配内存区域的大小改为 size，size 可以比原来分配的大或小